国家出版基金项目
NATIONAL PUBLICATION FOUNDATION

《中国古脊椎动物志》编辑委员会主编

中国古脊椎动物志

第二卷

两栖类　爬行类　鸟类

主编 **李锦玲** ｜ 副主编 **周忠和**

第七册（总第十一册）

恐龙蛋类

赵资奎　王　强　张蜀康 编著

科学技术部基础性工作专项（2006FY120400）资助

科学出版社

北京

内 容 简 介

  本册志书是对2013年以前在中国发现并已发表的恐龙蛋类化石材料的系统厘定总结。书中包括13蛋科29蛋属65蛋种。每个蛋属、蛋种均有鉴别特征、产地与层位。在蛋科这一分类阶元中并有概述,对该阶元的研究现状、存在问题等做了综述。在所有阶元的记述之后附有评注,为编者在编写过程中对发现的问题或编者对该阶元新认识的阐述。书中附有104幅化石照片及插图。

  本书是我国凡涉及地学和生物学的大专院校、科研机构、博物馆有关科研人员及业余古生物爱好者的基础参考书,也可为科普创作提供必要的基础参考资料。

图书在版编目(CIP)数据

中国古脊椎动物志. 第2卷. 两栖类、爬行类、鸟类. 第7册,恐龙蛋类:总第11册 / 赵资奎,王强,张蜀康编著. —北京:科学出版社,2015.1
 ISBN 978-7-03-042610-9

 I. ①中… II. ①赵…②王…③张… III. ①古动物-脊椎动物门-动物志-中国②恐龙蛋-动物志-中国 IV. ①Q915.86

 中国版本图书馆CIP数据核字(2014)第276535号

责任编辑:胡晓春 / 责任校对:胡小洁
责任印制:肖 兴 / 封面设计:黄华斌

科 学 出 版 社 出版
北京东黄城根北街16号
邮政编码:100717
http://www.sciencep.com

中国科学院印刷厂 印刷
科学出版社发行   各地新华书店经销

*

2015年1月第 一 版   开本:787×1092 1/16
2015年1月第一次印刷   印张:12 1/4
字数:253 000

定价:128.00元
(如有印装质量问题,我社负责调换)

Editorial Committee of Palaeovertebrata Sinica

PALAEOVERTEBRATA SINICA

Volume II

Amphibians, Reptilians, and Avians

Editor-in-Chief: **Li Jinling** | Associate Editor-in-Chief: **Zhou Zhonghe**

Fascicle 7 (Serial no. 11)

Dinosaur Eggs

By **Zhao Zikui, Wang Qiang,** and **Zhang Shukang**

Supported by the Special Research Program of Basic Science and Technology
of the Ministry of Science and Technology (2006FY120400)

Science Press
Beijing

本册撰写人员分工

导言   赵资奎 E-mail: zhaozikui@ivpp.ac.cn
恐龙蛋类   赵资奎

王　强 E-mail: wangqiang@ivpp.ac.cn

张蜀康 E-mail: zhangshukang@ivpp.ac.cn

（以上编写人员所在单位均为中国科学院古脊椎动物与古人类研究所，
中国科学院脊椎动物演化与人类起源重点实验室）

Contributors to this Fascicle

Introduction   **Zhao Zikui** E-mail: zhaozikui@ivpp.ac.cn
Dinosaur eggs   **Zhao Zikui**

Wang Qiang E-mail: wangqiang@ivpp.ac.cn

Zhang Shukang E-mail: zhangshukang@ivpp.ac.cn

(All the contributors are from the Institute of Vertebrate Paleontology and Paleoanthropology,
Chinese Academy of Sciences, Key Laboratory of Vertebrate Evolution
and Human Origins of Chinese Academy of Sciences)

总　序

　　中国第一本有关脊椎动物化石的手册性读物是 1954 年杨钟健、刘宪亭、周明镇和贾兰坡编写的《中国标准化石——脊椎动物》。因范围限定为标准化石，该书仅收录了 88 种化石，其中哺乳动物仅 37 种，不及德日进（P. Teilhard de Chardin）1942 年在《中国化石哺乳类》中所列举的在中国发现并已发表的哺乳类化石种数（约 550 种）的十分之一。所以这本只有 57 页的小册子还不能算作一本真正的脊椎动物化石手册。我国第一本真正的这样的手册是 1960 - 1961 年在杨钟健和周明镇领导下，由中国科学院古脊椎动物与古人类研究所的同仁们集体编撰出版的《中国脊椎动物化石手册》。该手册共记述脊椎动物化石 386 属 650 种，分为《哺乳动物部分》（1960 年出版）和《鱼类、两栖类和爬行类部分》（1961 年出版）两个分册。前者记述了 276 属 515 种化石，后者记述了 110 属 135 种。这是对自 1870 年英国博物学家欧文（R. Owen）首次科学研究产自中国的哺乳动物化石以来，到 1960 年前研究发表过的全部脊椎动物化石材料的总结。其中鱼类、两栖类和爬行类化石主要由中国学者研究发表，而哺乳动物则很大一部分由国外学者研究发表。"文化大革命"之后不久，1979 年由董枝明、齐陶和尤玉柱编汇的《中国脊椎动物化石手册》（增订版）出版，共收录化石 619 属 1268 种。这意味着在不到 20 年的时间里新发现的化石属、种数量差不多翻了一番（属为 1.6 倍，种为 1.95 倍）。

　　自 20 世纪 80 年代末开始，国家对科技事业的投入逐渐加大，我国的古脊椎动物学逐渐步入了快速发展的时期。新的脊椎动物化石及新属、种的数量，特别是在鱼类、两栖类和爬行动物方面，快速增加。1992 年孙艾玲等出版了《The Chinese Fossil Reptiles and Their Kins》，记述了两栖类、爬行类和鸟类化石 228 属 328 种。李锦玲、吴肖春和张福成于 2008 年又出版了该书的修订版（书名中的 Kins 已更正为 Kin），将属种数提高到 416 属 564 种。这比 1979 年手册中这一部分化石的数量（186 属 219 种）增加了大约 1 倍半（属近 2.24 倍，种近 2.58 倍）。在哺乳动物方面，20 世纪 90 年代初，中国科学院古脊椎动物与古人类研究所一些从事小哺乳动物化石研究的同仁们，曾经酝酿编写一部《中国小哺乳动物化石志》，并已草拟了提纲和具体分工，但由于种种原因，这一计划未能实现。

　　自 20 世纪 90 年代末以来，我国在古生代鱼类化石和中生代两栖类、翼龙、恐龙、鸟类，以及中、新生代哺乳类化石的发现和研究方面又有了新的重大突破，在恐龙蛋和爬行动物及鸟类足迹方面也有大量新发现。粗略估算，我国现有古脊椎动物化石种的总数已经超过 3000 个。我国是古脊椎动物化石赋存大国，有关收藏逐年增加，在研究方面正在努力进入世界强国行列的过程之中。此前所出版的各类手册性的著作已落后于我国古脊椎动物研究发展的现状，无法满足国内外有关学者了解我国这一学科领域进展的迫切需求。美国古生物学家 S. G. Lucas，积 5 次访问中国的经历，历时近 20 年，于 2001 年出版了一部 370 多页的《Chinese Fossil Vertebrates》。这部书虽然并非以罗列和记述属、种为主旨，而且其资料的收集限于 1996 年以前，却仍然是国外学者了解中国古脊椎动物学发展脉络的重要读物。这可以说是从国际古脊椎动物研究的角度对上述需求的一种反映。

2006 年，科技部基础研究司启动了国家科技基础性工作专项计划，重点对科学考察、科技文献典籍编研等方面的工作加大支持力度。是年 10 月科技部召开研讨中国各门类化石系统总结与志书编研的座谈会。这才使我国学者由自己撰写一部全新的、涵盖全面的古脊椎动物志书的愿望，有了得以实现的机遇。中国科学院南京地质古生物研究所和古脊椎动物与古人类研究所的领导十分珍视这次机遇，于 2006 年年底前，向科技部提交了由两所共同起草的"中国各门类化石系统总结与志书编研"的立项申请。2007 年 4 月 27 日，该项目正式获科技部批准。《中国古脊椎动物志》即是该项目的一个组成部分。

在本志筹备和编研的过程中，国内外前辈和同行们的工作一直是我们学习和借鉴的榜样。在我国，"三志"（《中国动物志》、《中国植物志》和《中国孢子植物志》）的编研，已经历时半个多世纪之久。其中《中国植物志》自 1959 年开始出版，至 2004 年已全部出齐。这部煌煌巨著分为 80 卷，126 册，记载了我国 301 科 3408 属 31142 种植物，共 5000 多万字。《中国动物志》自 1962 年启动后，已编撰出版了 126 卷、册，至今仍在继续出版。《中国孢子植物志》自 1987 年开始，至今已出版 80 多卷（不完全统计），现仍在继续出版。在国外，可以作为借鉴的古生物方面的志书类著作，有原苏联出版的《古生物志》（《Основы Палеонтологии》）。全书共 15 册，出版于 1959 - 1964 年，其中古脊椎动物为 3 册。法国的《Traité de Paléontologie》（实际是古动物志），全书共 7 卷 10 册，其中古脊椎动物（包括人类）为 4 卷 7 册，出版于 1952 - 1969 年，历时 18 年。此外，C. M. Janis 等编撰的《Evolution of Tertiary Mammals of North America》（两卷本）也是一部对北美新生代哺乳动物化石属级以上分类单元的系统总结。该书从 1978 年开始构思，直到 2008 年才编撰完成，历时 30 年。

参考我国"三志"和国外志书类著作编研的经验，我们在筹备初期即成立了志书编辑委员会，并同步进行了志书编研的总体构思。2007 年 10 月 10 日由 17 人组成的《中国古脊椎动物志》编辑委员会正式成立（2008 年胡耀明委员去世，2011 年 2 月 28 日增补邓涛、尤海鲁和张兆群为委员，2012 年 11 月 15 日又增加金帆和倪喜军两位委员，现共 21 人）。2007 年 11 月 30 日《中国古脊椎动物志》"编辑委员会组成与章程"、"管理条例"和"编写规则"三个试行草案正式发布，其中"编写规则"在志书撰写的过程中不断修改，直至 2010 年 1 月才有了一个比较正式的试行版本，2013 年 1 月又有了一个更为完善的修订本，至今仍在不断修改和完善中。

考虑到我国古脊椎动物学发展的现状，在汲取前人经验的基础上，编委会决定：①延续《中国脊椎动物化石手册》的传统，《中国古脊椎动物志》的记述内容也细化到种一级。这与国外类似的志书类都不同，后者通常都停留在属一级水平。②采取顶层设计，由编委会统一制定志书总体结构，将全志大体按照脊椎动物演化的顺序划分卷、册；直接聘请能够胜任志书要求的合适研究人员负责编撰工作，而没有采取自由申报、逐项核批的操作程序。③确保项目经费足额并及时到位，力争志书编研按预定计划有序进行，做到定期分批出版，努力把全志出版周期限定在 10 年左右。

编委会将《中国古脊椎动物志》的编写宗旨确定为："本志应是一套能够代表我国古脊椎动物学当前研究水平的中文基础性丛书。本志力求全面收集中国已发表的古脊椎动物化石资料，以骨骼形态性状为主要依据，吸收分子生物学研究的新成果，尝试运用分支系统学的理论和方法认识和阐述古脊椎动物演化历史、改造林奈分类体系，使之与演化历史更为吻合；着重对属、种进行较全面、准确的文字介绍，并尽可能附以清晰的模式标本图照，但不创建新的分类单元。本志主要读者对象是中国地学、生物学工作者及爱好者，高校师生，自然博物馆类机构的工作人员和科普工作者。"

编委会在将"代表我国古脊椎动物学当前研究水平"列入撰写本志的宗旨时，已经意识到实现这一目标的艰巨性。这一点也是所有参撰人员在此后的实践过程中越来越深刻地感受到的。正如在本志第一卷第一册"脊椎动物总论"中所论述的，自 20 世纪 50 年代以来，在古生物学和直接影响古生物学发展的相关领域中发生了可谓"翻天覆地"的变化。在 20 世纪七八十年代已形成了以 Mayr 和 Simpson 为代表的演化分类学派（evolutionary taxonomy）、以 Hennig 为代表的系统发育系统学派 [phylogenetic systematics，又称分支系统学派（cladistic systematics，或简化为 cladistics）] 及以 Sokal 和 Sneath 为代表的数值分类学派（numerical taxonomy）的"三国鼎立"的局面。自 20 世纪 90 年代以来，分支系统学派逐渐占据了明显的优势地位。进入 21 世纪以来，围绕着生物分类的原理、原则、程序及方法等的争论又日趋激烈，形成了新的"三国"。以演化分类学家 Mayr 和 Bock 为代表的"达尔文分类学派"（Darwinian classification），坚持依据相似性（similarity）和系谱（genealogy）两项准则作为分类基础，并保留林奈套叠等级体系，认为这正是达尔文早就提出的生物分类思想。在分支系统学派内部成两派：以 de Quieroz 和 Gauthier 为代表的持更激进观点的分支系统学家组成了"系统发育分类命名法规学派"（简称 PhyloCode）。他们以单一的系谱（genealogy）作为生物分类的依据，并坚持废除林奈等级体系的观点。以 M. J. Benton 等为代表的持比较保守观点的分支系统学家则主张，在坚持分支系统学核心理论的基础上，采取某些折中措施以改进并保留林奈式分类和命名体系。目前争论仍在进行中。到目前为止还没有任何一个具体的脊椎动物的划分方案得到大多数生物和古生物学家的认可。我国的古生物学家大多还处在对这些新的论点、原理和方法以及争论论点实质的不断认识和消化的过程之中。这种现状首先影响到志书的总体架构：如何划分卷、册？各卷、册使用何种标题名称？系统记述部分中各高阶元及其名称如何取舍？基于林奈分类的《国际动物命名法规》是否要严格执行？……这些问题的存在甚至对编撰本志书的科学性和必要性都形成了质疑和挑战。

在《中国古脊椎动物志》立项和实施之初，我们确曾希望能够建立一个为本志书各卷、册所共同采用的脊椎动物分类方案。通过多次尝试，我们逐渐发现，由于脊椎动物内各大类群的研究历史和分类研究传统不尽相同，对当前不同分类体系及其使用的方法，在接受程度上差别较大，并很难在短期内弥合。因此，在目前要建立一个比较合理、能被广泛接受、涵盖整个脊椎动物的分类方案，便极为困难。虽然如此，通过多次反复研讨，参撰人员就如何看待分类和究竟应该采取何种分类方案等还是逐渐取得了如下一些共识：

1）分支系统学在重建生物演化过程中，以其对分支在演化过程中的重要作用的深刻认识和严谨的逻辑推导方法，而成为当前获得古生物学家广泛支持的一种学说。任何生物分类都应力求真实地反映生物演化的过程，在当前则应力求与分支系统学的中心法则（central tenet）以及与严格按照其原则和方法所获得的结论相符。

2）生物演化的历史（系统发育）和如何以分类来表达这一历史，属于两个不同范畴。分类除了要真实地反映演化历史外，还肩负协助人类认知和记忆的功能。两者不必、也不可能完全对等。在当前和未来很长一段时期内，以二维和文字形式表达演化过程的最好方式，仍应该是现行的基于林奈分类和命名法的套叠等级体系。从实用的观点看，把十几代科学工作者历经 250 余年按照演化理论不断改进的、由近 200 万个物种组成的庞大的阶元分类体系彻底抛弃而另建一新体系，是不可想象的，也是极难实现的。

3）分类倘若与分支系统学核心概念相悖，例如不以共祖后裔而单纯以形态特征为分类依据，由复系类群组成分类单元等，这样的分类应予改正。对于分支系统学中一些重要但并非核心的论点，诸如姐妹群需是同级阶元的要求，干群（"Stammgruppe"）的分类价值和地位的判别，以及不同大类群的阶元级别的划分和确立等，正像分支系统学派内部有些学者提出的，可以采取折中措施使分支系统学的基本理论与以林奈分类和命名法为基础建立的现行分类体系在最大程度上相互吻合。

4）对于因分支点增多而所需阶元数目剧增的矛盾，可采取以下折中措施解决。①对高度不对称的姐妹群不必赋予同级阶元。②对于重要的、在生物学领域中广为人知并广泛应用、而目前尚无更好解决办法的一些大的类群，可实行阶元转移和跃升，如鸟类产生于蜥臀目下的一个分支，可以跃升为纲级分类单元（详见第一卷第一册的"脊椎动物总论"）。③适量增加新的阶元级别，例如 1997 年 McKenna 和 Bell 已经提出推荐使用新的主阶元，如 Legion（阵）、Cohort（部）等，和新的次级阶元，如 Magno-（巨）、Grand-（大）、Miro-（中）和 Parvo-（小）等。④减少以分支点设阶的数量，如仅对关键节点设立阶元、次要节点以顺序先后（sequencing）表示等。⑤应用全群（total group）的概念，不对其中的并系的干群（stem group 或"Stammgruppe"）设立单独的阶元等。

5）保留脊椎动物现行亚门一级分类地位不变，以避免造成对整个生物分类体系的冲击。科级及以下分类单元的分类地位基本上都已稳定，应尽可能予以保留，并严格按照最新的《国际动物命名法规》（1999 年第四版）的建议和要求处置。

根据上述共识，我们在第一卷第一册的"脊椎动物总论"中，提出了一个主要依据中国所有化石所建立的脊椎动物亚门的分类方案（PVS-2013）。我们并不奢求每位参与本志书撰写的人员一定接受它，而只是推荐一个可供选择的方案。

对生物分类学产生重要影响的另一因素则是分子生物学。依据分支系统学原理和方法，借助计算机高速数学运算，通过分析分子生物学资料（DNA、RNA、蛋白质等的序列数据）来探讨生物物种和类群的系统发育关系及支系分异的顺序和时间，是当前分子生物学领域的热点之一。一些分子生物学家对某些高阶分类单元（例如目级）的单系性和这些分类单元之间的系统关系进行探索，提出了一些令形态分类学家和古生物学家耳目一新的新见解。例如，现生哺乳动物 18 个目之间的系统和分类关系，一直是古生物学家感到十分棘手的问题，因为能够找到的目之间的共有裔征（synapomorphy）很少，而经常只有共有祖征（symplesiomorphy）。相反，分子生物学家们则可以在分子水平上找到新的证据，将它们进行重新分解和组合。例如，他们在一些属于不同目的"非洲类型"的哺乳动物（管齿目、长鼻目、蹄兔目和海牛目）和一些非洲土著的"食虫类"（无尾猬、金鼹等）中发现了一些共同的基因组变异，如乳腺癌抗原 1（BRCA1）中有 9 个碱基对的缺失，还在基因组的非编码区中发现了特有的 "非洲短散布核元件（AfroSINES）"。他们把上述这些"非洲类型"的动物合在一起，组成一个比目更高的分类单元（Afrotheria，非洲兽类）。根据类似的分子生物学信息，他们把其他大陆的异节类、真魁兽啮型类和劳亚兽类看作是与非洲兽类同级的单元。分子生物学家们所提出的许多全新观点，虽然在细节上尚有很多值得进一步商榷之处，但对现行的分类体系无疑具有重要的参考价值，应在本志中得到应有的重视和反映。

采取哪种分类方案直接决定了本志书的总体结构和各卷、册的划分。经历了多次变化后，最后我们没有采用严格按照节点型定义的现生动物（冠群）五"纲"（鱼、两栖、爬行、鸟和哺乳动物）将志书划分为五卷的办法。其中的缘由，一是因为以化石为主的各"纲"在体量上相差过于悬殊。现生动物的五纲，在体量上比较均衡（参见第一卷第一册"脊椎动物总论"中有关部分），而在化石中情况就大不相同。两栖类和鸟类化石的体量都很小：两栖类化石目前只有不到 40 个种，而鸟类化石也只有大约五六十种（不包括现生种的化石）。这与化石鱼类，特别是哺乳类在体量上差别很悬殊。二是因为化石的爬行类和冠群的爬行动物纲有很大的差别。现有的化石记录已经清楚地显示，从早期的羊膜类动物中很早就分出两大主要支系：一支通过早期的下孔类演化为哺乳动物。下孔类，按照演化分类学家的观点，虽然是哺乳动物的早期祖先，但在形态特征上仍然和爬行类最为接近，因此应该归入爬行类。按照分支系统学家的观点，早期下孔类和哺乳动物共同组成一个全群（total group），两者无疑应该分在同一卷内。该全群的名称应该叫做下孔类，亦即：下孔类包含哺乳动物。另一支则是所有其他的爬行动物，包括从蜥臀类恐龙的虚骨龙类的一个分支演化出的鸟类，因此鸟类应该与爬行类放在同一卷内。上述情况使我们最后决定将两栖类、不包括下孔类的爬行类与鸟类合为一卷（第二卷），而早期下孔类和哺乳动物则共同组成第三卷。

在卷、册标题名称的选择上，我们碰到了同样的问题。分支系统学派，特别是系统发育分类命名法规学派，虽然强烈反对在分类体系中建立绝对阶元级别，但其基于严格单系分支概念的分类名称则是"全套叠式"的，亦即每个高阶分类单元必须包括其最早的祖先及由此祖先所产生的所有后代。例如传统意义中的鱼类既然包括肉鳍鱼类，那么也必须包括由其产生的所有的四足动物及其所有后代。这样，在需要表述某一"全套叠式"的名称的一部分成员时，就会遇到很大的困难，会出现诸如"非鸟恐龙"之类的称谓。相反，林奈分类体系中的高阶分类单元名称却是"分段套叠式"的，其五纲的概念是互不包容的。从分支系统学的观点看，其中的鱼纲、两栖纲和爬行纲都是不包括其所有后代的并系类群（paraphyletic groups），只有鸟纲和哺乳动物纲本身是真正的单系分支（clade）。林奈五纲的概念在生物学界已经根深蒂固，不会引起歧义，因此本志书在卷、册的标题名称上还是沿用了林奈的"分段套叠式"的概念。另外，由于化石类群和冠群在内涵和定义上有相当大的差别，我们没有直接采用纲、目等阶元名称，而是采用了含义宽泛的"类"。第三卷的名称使用了"基干下孔类 哺乳类"是因为"下孔类"这一分类概念在学界并非人人皆知，若在标题中舍弃人人皆知的哺乳类，而单独使用将哺乳类包括在内的下孔类这一全群的名称，则会使大多数读者感到茫然。

在编撰本志书的过程中我们所碰到的最后一类问题是全套志书的规范化和一致性的问题。这类问题十分烦琐，我们所花费时间也最多。

首先，全志在科级以下分类单元中与命名有关的所有词汇的概念及其用法，必须遵循《国际动物命名法规》。在本志书项目开始之前，1999年最新一版（第四版）的《International Code of Zoological Nomenclature》已经出版。2007年中译本《国际动物命名法规》（第四版）也已出版。由于种种原因，我国从事这方面工作的专业人员，在建立新科、属、种的时候，往往很少认真阅读和严格遵循《国际动物命名法规》，充其量也只是参考张永辂1983年出版的《古生物命名拉丁语》中关于命名法的介绍，而后者中的一些概念，与最新的《国际动物命名法规》并不完全符合。这使得我国的古脊椎动物在属、种级分类单元的命名、修订、重组，对模式的认定，模式标本的类型（正模、副模、选模、副选模、新模等）和含义，其选定的条件及表述等方面，都存在着不同程度的混乱。

这些都需要认真地予以厘定，以免在今后以讹传讹。

其次，在解剖学，特别是分类学外来术语的中译名的取舍上，也经常令我们感到十分棘手。"全国科学技术名词审定委员会公布名词"（网络 2.0 版）是我们主要的参考源。但是，我们也发现，其中有些术语的译法不够精准。事实上，在尊重传统用法和译法精准这两者之间有时很难做出令人满意的抉择。例如，对 phylogeny 的译法，在"全国科学技术名词审定委员会公布名词"中就有种系发生、系统发生、系统发育和系统演化四种译法，在其他场合也有译为亲缘关系的。按照词义的精准度考虑，钟补求于 1964 年在《新系统学》中译本的"校后记"中所建议的"种系发生"大概是最好的。但是我国从 1922 年杜就田所编撰的《动物学大词典》中就使用了"系统发育"的译法，以和个体发育（ontogeny）相对应。在我国从 1978 年开始的介绍和翻译分支系统学的热潮中，几乎所有的译介者都延用了"系统发育"一词。经过多次反复斟酌，最后，我们也采用了这一译法。类似的情况还有很多，这里无法一一列举，这些抉择是否恰当只能留待读者去评判了。

再次，要使全套志书能够基本达到首尾一致也绝非易事。像这样一部预计有 3 卷 23 册的丛书，需要花费众多专家多年的辛勤劳动才能完成；而在确立各种体例和格式之类的琐事上，恐怕就要花费其中一半的时间和精力。诸如在每一册中从目录列举的级别、各章节排列的顺序，附录、索引和文献列举的方式及详简程度，到全书中经常使用的外国人名和地名、化石收藏机构等的缩写和译名等，都是非常耗时费力的工作。仅仅是对早期文献是否全部列入这一点，就经过了多次讨论，最后才确定，对于 19 世纪中叶以前的经典性著作，在后辈学者有过系统而全面的介绍的情况下（例如 Gregory 于 1910 年对诸如 Linnaeus、Blumenbach、Cuvier 等关于分类方案的引述），就只列后者的文献了。此外，在撰写过程中对一些细节的决定经常会出现反复，需经多次斟酌、讨论、修改，最后再确定；而每一次反复和重新确定，又会带来新的、额外的工作量，而且确定的时间越晚，增加的工作量也就越大。这其中的烦琐和日久积累的心烦意乱，实非局外人所能体会。所幸，参加这一工作的同行都能理解：科学的成败，往往在于细节。他们以本志书的最后完成为己任，孜孜矻矻，不厌其烦，而且大多都能在规定的时限内完成预定的任务。

本志编撰的初衷，是充分发挥老科学家的主导作用。在开始阶段，编委会确实努力按照这一意图，尽量安排老科学家担负主要卷、册的编研。但是随着工作的推进，编委会越来越深切地感觉到，没有一批年富力强的中年科学家的参与，这一任务很难按照原先的设想圆满完成。老科学家在对具体化石的认知和某些领域的综合掌控上具有明显的经验优势，但在吸收新鲜事物和新手段的运用、特别是在追踪新兴学派的进展上，却难以与中年才俊相媲美。近年来，我国古脊椎动物学领域在国内外都涌现出一批极为杰出的人才，其中有些是在国外顶级科研和教学机构中培养和磨砺出来的科学家。他们的参与对于本志书达到"当前研究水平"的目标起到了关键的作用。值得庆幸的是，我们所邀请的几位这样的中年才俊，都在他们本已十分繁忙的日程中，挤出相当多时间参与本志有关部分的撰写和/或评审工作。由于编撰工作中技术性任务量大、质量要求高，一部分年轻的学子也积极投入到这项工作中。最后这支编撰队伍实实在在地变成了一支老中青相结合的队伍了。

大凡立志要编撰一本专业性强的手册性读物，编撰者首要的追求，一定是原始资料的可靠和记录及诠释的准确性，以及由此而产生的权威性。这样才能经得起广大读者的推敲和时间的考验，才能让读者放心地使用。在追求商业利益之风日盛、在科普读物中往往充斥着种种真假难辨的猎奇之词的今天，这一点尤其显得重要，这也是本编辑委员会和每一位参撰人员所共同努力追求并为之奋斗的目标。虽然如此，由于我们本身的学识水平和认识所限，错误和疏漏之处一定不少，真诚地希望读者批评指正。

感谢 《中国古脊椎动物志》编研工作得以启动，首先要感谢科技部具体负责此项工作的基础研究司的领导，也要感谢国家自然科学基金委员会、中国科学院和相关政府部门长期以来对古脊椎动物学这一基础研究领域的大力支持。令我们特别难以忘怀的是几位参与我国基础性学科调研并提出宝贵建议的地学界同行，如黄鼎成和马福臣先生，是他们对临界或业已退休、但身体尚健的老科学工作者的报国之心的深刻理解和积极奔走，才促成本专项得以顺利立项，使一批新中国建立后成长起来的老古生物学家有机会把自己毕生积淀的专业知识的精华总结和奉献出来。另外，本志书编委会要感谢本专项的挂靠单位，中国科学院古脊椎动物与古人类研究所的领导和各处、室，特别是标本馆、图书室、负责照相和绘图的技术室，以及财务处的同仁们，对志书工作的大力支持。编委会要特别感谢负责处理日常事务的本专项办公室的同仁们。在志书编撰的过程中，在每一次研讨会、汇报会、乃至财务审计等活动中，他们忙碌的身影都给我们留下了难忘的印象。我们还非常幸运地得到了与科学出版社的胡晓春编辑共事的机会。她细致的工作作风和精湛的专业技能，使每一个接触到她的参撰人员都感佩不已。在本志书的编撰过程中，还有很多国内外的学者在稿件的学术评审过程中提出了很多中肯的批评和改进意见，使我们受益匪浅，也使志书的质量得到明显的提高。这些在相关册的致谢中都将做出详细说明，编委会在此也向他们一并表达我们衷心的感谢。

《中国古脊椎动物志》编辑委员会

2013 年 8 月

特别说明：本书主要用于科学研究。书中可能存在未能联系到版权所有者的图片，请见书后与科学出版社联系处理相关事宜。

本 册 前 言

　　恐龙是卵生爬行动物。它们的卵同现生鸟类或鳄类的蛋一样，有一层坚硬的、主要由方解石微晶组成的卵壳，卵壳内包裹着卵白和卵黄。1970 年，德国古生物学家 Erben 首次采用扫描电镜技术研究了现生和化石鸟类及爬行类（包括一些恐龙）的蛋壳组织结构，初步确立了龟类、鳄类和鸟类这三类蛋壳组织结构模式，从而使我们能够根据这些蛋壳组织结构模式把中生代以来所发现的化石蛋壳归入到其相对应的高级分类阶元。

　　在我国，虽然有一些关于晚白垩世"龟类、鳄类和鸟类"蛋壳化石的分类描述报告，但是，从已知的文献资料和实践经验看，由于发现的材料很少，根据它们的组织结构特征，目前还不可能将其进一步鉴定到较低的分类阶元。尤其是龟、鳖类的蛋壳是由文石晶体组成的壳单元构成，而文石是一种亚稳定的晶体，在石化过程中，往往受成岩作用的影响而转化成方解石，从而进一步加大了鉴定的难度。本册志书冠名为"恐龙蛋类"是在严格意义上指恐龙类所产的卵，并未包括其他门类的蛋化石。

　　根据现有的记录，除南极洲和大洋洲外，其他各大陆都发现了恐龙蛋化石。在南非 Rooidraai 的下侏罗统 Elliot 组中发现的一窝含有原蜥脚类 *Massospondylus* 胚胎的蛋化石，是目前已知的时代最早的恐龙蛋化石记录。但是，由于蛋壳受到成岩作用的严重影响，不能显示出原来的显微组织结构特征。在亚洲、北美洲西部、南美洲南部和欧洲地中海地区的白垩纪地层中，保存的恐龙蛋化石相当完好，特别是在中国白垩纪的陆相沉积地层中，除大量发现完整的蛋化石和碎蛋壳外，一些珍贵的含有胚胎骨骼化石，或石化了的卵壳膜和卵黄的蛋化石也相继被发现。这些化石材料，为恐龙蛋的分类、起源、演化及相关问题的研究提供了充分的丰富实物依据。

　　由于恐龙类在中生代结束时就已灭绝，而保存下来的各种各样的恐龙蛋化石，在形态上和母体又没有明确的对应关系，所以很难判断是哪一类恐龙产的，无法直接使用基于恐龙母体所建立的分类和命名系统，亦即现在通用的"国际动物命名法规"。因此，如何对恐龙蛋类本身进行分类和命名，是恐龙蛋研究中首先需要解决的最基础，也是最关键的一个问题。目前国际上关于恐龙蛋类的分类是采用赵资奎（1975, 1979a; Zhao, 1994）提出的分类和命名方法，通过对比蛋壳基本结构单元的形态特征、排列形式以及其他的辅助性特征进行分类和命名，是专为恐龙蛋化石研究设置的分类和命名系统。

　　目前，通过对比蛋壳显微组织结构的形态特征以及蛋化石的宏观形态特征，已建立的恐龙蛋化石分类体系只有 3 个阶元，即蛋科（oofamily）、蛋属（oogenus）和蛋种

（oospecies）。这一方面由于在世界范围内发现的蛋化石非常稀少，而且大多是蛋壳碎片，对它们的研究和解释受到一定的限制；另一方面，则是对于蛋壳形态特征的分类学原理和对比法则这样的问题，似乎还没有足够的认识，还没有建立起较为完善的理论体系。

经本志书查证和确认，目前在中国共记述了 13 个蛋科、29 个蛋属、65 个蛋种，其中有 15 个存疑蛋种。

入选本册志书所有的正模，绝大多数保存在各地博物馆中，我们在对北京自然博物馆、天津自然博物馆、大连自然博物馆、内蒙古博物院、重庆自然博物馆、吉林大学博物馆、西北大学、武汉工程大学、天台博物馆、河源恐龙博物馆、南雄市博物馆、始兴县博物馆、萍乡博物馆以及西峡恐龙蛋博物馆等单位收藏的恐龙蛋化石标本进行照相、测量和采集蛋壳样品的工作中，上述单位领导和有关的人员给予了大力的支持和帮助。中国地质科学院地质研究所的吕君昌和原湖南省石油普查勘探大队的曾德敏提供了他们研究过的恐龙蛋壳样品和照片。在此，谨向以上单位和个人表示衷心感谢。

在这里，我们还要特别感谢，并以崇敬的心情怀念已故的我国古脊椎动物学的奠基者杨钟健先生，没有他在恐龙蛋类化石研究中所做的开拓性工作，以及他对我们在早期研究中的支持和鼓励，就没有今天"恐龙蛋类"研究的丰硕成果。

本册志书由赵资奎、王强和张蜀康编写，开始于 2008 年 8 月，于 2013 年 12 月完稿。书中照片由张杰和高伟拍摄，大多数的蛋壳显微结构素描图由李荣山、许勇和已故的沈文龙先生清绘，作者在此向他们致以诚挚的谢意。

本册涉及的机构名称及缩写

【缩写原则：1. 本志书所采用的机构名称及缩写仅为本志使用方便起见编制，并非规范名称，不具法规效力。2. 机构名称均为当前实际存在的单位名称，个别重要的历史沿革在括号内予以注解。3. 原单位已有正式使用的中、英文名称及缩写者（用 * 标示），本志书从之，不做改动。4. 中国机构无正式使用之英文名称及 / 或缩写者，原则上根据机构的英文名称或按本志所译英文名称字串的首字符（其中地名按音节首字符）顺序排列组成，个别缩写重复者以简便方式另择字符取代之。】

（一）中国机构

*BMNH — 北京自然博物馆 Beijing Museum of Natural History

CMM — 奇美博物馆（台湾 台南）Chimei Museum (Tainan, Taiwan Province)

CQMNH — 重庆自然博物馆 Chongqing Museum of Natural History

*CUGW — 中国地质大学（武汉）China University of Geosciences (Wuhan)

*DLNHM — 大连自然博物馆（辽宁）Dalian Natural History Museum (Liaoning Province)

*GMC — 中国地质博物馆（北京）Geological Museum of China (Beijing)

HUGM — 湖南地质博物馆（长沙）Hunan Geological Museum (Changsha)

HYDM — 河源恐龙博物馆（广东）Heyuan Dinosaur Museum (Guangdong Province)

IMM — 内蒙古博物院（呼和浩特）Inner Mongolia Museum (Hohhot)

*IVPP — 中国科学院古脊椎动物与古人类研究所（北京）Institute of Vertebrate Paleontology and Paleoanthropology, Chinese Academy of Sciences (Beijing)

JLUM — 吉林大学博物馆（长春）Jilin University Museum (Changchun)

LSCM — 丽水市博物馆（浙江）Lishui City Museum (Zhejiang Province)

NMNS — 台湾自然科学博物馆（台中）National Museum of Natural Science (Taichung)

*NWU — 西北大学（陕西 西安）Northwest University (Xi'an, Shaanxi Province)

NXM — 南雄市博物馆（广东）Nanxiong Museum (Guangdong Province)

PSETH — 湖南省石油普查勘探大队（长沙）Petroleum Survey and Exploration Team of Hunan Province (Changsha)

PXM — 萍乡博物馆（江西）Pingxiang Museum (Jiangxi Province)

*SNHM — 上海自然博物馆 Shanghai Natural History Museum

SXM — 始兴县博物馆（广东） Shixing Museum (Guangdong Province)

*TMNH — 天津自然博物馆 Tianjin Museum of Natural History

TTM — 天台博物馆（浙江） Tiantai Museum (Zhejiang Province)

WIT — 武汉工程大学（湖北） Wuhan Institute of Technology (Hubei Province)

XXDEM — 西峡恐龙蛋博物馆（河南） Xixia Dinosaur Egg Museum (Henan Province)

*ZMNH — 浙江自然博物馆（杭州） Zhejiang Museum of Natural History (Hangzhou)

（二）外国机构

*AMNH — American Museum of Natural History（New York）美国自然历史博物馆（纽约）

DESMU — Department of Earth Sciences, Montana State University (USA, Bozeman) 蒙大拿州立大学地球科学部（美国）

FPDM — Fukui Prefectural Dinosaur Museum (Katsuyama, Japan) 福井县立恐龙博物馆（日本）

*LACM — Natural History Museum of Los Angeles County (USA) 洛杉矶自然历史博物馆（美国）

*PIN — Paleontological Institute, Russian Academy of Sciences (Moscow) 俄罗斯科学院古生物研究所（莫斯科）

目　　录

导　言

一、羊膜卵一般特征

　　脊椎动物从水生到陆生的演化过程中，最后的一次重大变革就是羊膜卵（图1）的出现。这一变革，使陆生脊椎动物能够完全摆脱对水的依赖，在陆地上进行繁殖。卵在母体内受精，然后产在陆地上孵化为幼体。卵内含有一个大的卵黄，为胚胎发育提供养料。此外，还有两个袋囊，即羊膜腔和尿囊。羊膜腔中充满着液体（羊水），胚胎就浸润在羊水里发育；尿囊收容胚胎在卵内发育期间排出的废物。卵的外面包裹着一层卵壳，卵壳的功能是保护卵不受外力的损伤，而且又具有大量的气孔，既能限制卵内水分的蒸发，又能保证胚胎发育时呼吸气体的交换。动物有了这样的卵，才能自由地生活在陆地上，而不必像两栖类那样，必须回到水中去繁殖。人们把具有羊膜卵的爬行类、鸟类和哺乳类合称为羊膜卵动物，而爬行类就是最早的羊膜卵动物。

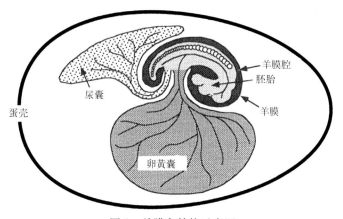

图 1　羊膜卵结构示意图

　　根据羊膜卵卵壳的组织结构特征，大体上可以分辨出三种结构模式（Erben, 1970; Hirsch et Packard, 1987; Mikhailov, 1987a; Packard et DeMarco, 1991; Hirsch, 1994b）：

　　（1）膜状软壳（图2A）：蛋壳是由蛋白质纤维织构而成的单层或多层的软膜，其中充填无定形的小颗粒方解石晶体。以大多数蜥蜴、蛇类等的卵壳为代表。

　　（2）钙质软壳（图2B）：蛋壳由蛋白质纤维织构而成的厚层卵壳膜和很薄的文石晶体层组成。由于组成钙质层的文石壳单元排列松散，彼此互不相连，因此，这种蛋壳是

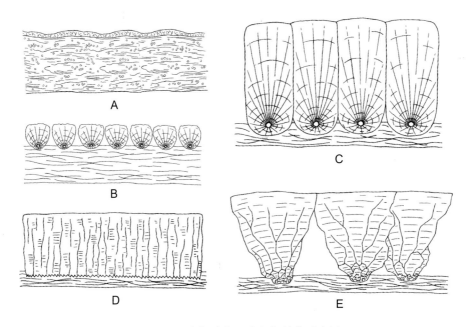

图 2　现生脊椎动物蛋壳组织结构示意图
A. 膜状软壳（蜥蜴类、蛇类）；B. 钙质软壳（海龟类）；C–E. 钙质硬壳：C. 文石蛋壳（陆龟、鳖类），
D. 方解石蛋壳（壁虎类），E. 方解石蛋壳（鳄类）

柔韧的。以海龟类的卵壳为代表。

（3）钙质硬壳（图 2C–E）：

（a）文石蛋壳（图 2C）——蛋壳由一薄层的卵壳膜和一厚层的、界线分明而又彼此连接、排列相对紧密的文石晶体壳单元组成。以陆龟类、鳖类的蛋壳为代表。

（b）方解石蛋壳（图 2D, E）——蛋壳由一薄层的卵壳膜和一厚层的方解石晶体壳单元组成。有鳞类的壁虎科（Gekkonidae）、鳄类、鸟类及所有被鉴定为属于恐龙类的蛋壳都是这种结构。

膜状软壳和钙质软壳这两类蛋壳由于其主要成分是有机物质，钙质成分排列松散，当蛋壳中的有机物质腐烂掉后，其中细小的矿物晶体便溃散掉。因此，这两类蛋壳很难成为化石保存下来，只有在特殊情况下保存有未出壳或即将出壳的胚胎骨化石。如最近在我国发现的翼龙胚胎化石（Ji et al., 2004; Wang et Zhou, 2004; Unwin et Deeming, 2008）和潜龙胚胎化石（Hou et al., 2010），证明翼龙类和潜龙类所产的卵壳是膜状软壳。相对地，钙质硬壳的钙质层相对较厚，由排列紧密的壳单元组成，因此能够形成化石保存下来。

二、恐龙蛋类概述

恐龙类是卵生爬行动物。它们的卵同现生鸟类或鳄类的蛋一样，有一层坚硬的、主要由方解石微晶组成的壳单元以不同排列方式构架成卵壳，卵壳包裹着卵白和卵黄。由于恐龙类生存的时代大约在距今 24000 万－6500 万年的中生代，它们的卵能保存至今的都已成为化石。原来的卵黄和卵白在石化过程中都已被分解或置换掉了。现在我们所见到的一般都是已成为化石的钙质蛋壳。这些蛋化石有的仍保持了原来的形状，但蛋壳里为次生方解石或泥沙等充填。这是由于外界含碳酸钙的水通过蛋壳的气孔渗入蛋内沉积下来而形成的，或者是在石化过程中蛋壳被压破裂，在其周围的泥沙从裂缝慢慢渗入充填；有的则是当时恐龙蛋在孵化过程中小恐龙出壳后残留下来的成堆碎蛋壳。由于它们是保护胚胎的壳体，在形态结构上和恐龙类的骨骼化石没有任何关系，除了在特殊情况下发现保存有某种恐龙的胚胎骨骼化石的蛋可供鉴定外，一般很难判断它们是哪一类恐龙产的。

虽然早在 19 世纪中期，人们就已经知道在法国南部发现的蛋化石很有可能是恐龙蛋（Buffetaut et Le Loeuff, 1994），但是直到 20 世纪 20 年代恐龙蛋化石才被关注。1923 年美国自然历史博物馆组织的"中亚考察团"首次在蒙古南戈壁的沙巴克拉乌苏（现称巴音扎克）的牙道赫塔组中发现了很多保存完好、形状为长形的蛋化石。根据在同一地层中发现的一系列由幼年到成年的安氏原角龙（*Protoceratops andrewsi*）骨化石，这些蛋化石被认为是安氏原角龙产的（van Straelen, 1925, 1928; Andrews, 1932），这才引起人们对恐龙蛋化石的关注。但是由于没有进一步做深入的系统研究，因而这些蛋化石是否是原角龙的蛋，一直受到怀疑。直到 20 世纪 90 年代，Norell 等（1994）在原来"中亚考察团"发现"原角龙蛋"化石地点又找到一枚残破的"原角龙蛋"，其中保存有可以被鉴定为窃蛋龙类（oviraptorids）的胚胎骨骼化石，从而证明原先把这些长形的蛋化石鉴定为"安氏原角龙蛋"是错误的，它们应是窃蛋龙类的蛋（Norell et al., 1994, 2001）。

根据现有的记录，除南极洲和大洋洲外，其他各大陆都发现了恐龙蛋化石（Carpenter et Alf, 1994; Carpenter, 1999），其中在亚洲、欧洲西南部地中海地区、北美洲西部内陆和南美洲南部等地的晚白垩世地层中出产的恐龙蛋化石最为丰富多样。然而，白垩纪以前的恐龙蛋和蛋壳化石却很少发现。

在阿根廷 Patagonia 地区的晚三叠世地层中发现的两个圆形的蛋化石（Bonaparte et Vince, 1979），由于没有进一步研究这些化石蛋壳的显微结构，因此是恐龙蛋还是其他爬行类的蛋，仍不清楚。1979 年，在南非 Rooidraai 的下侏罗统 Elliot 组（原先被鉴定为上三叠统）中发现的、由 6 枚蛋化石组成的一窝蛋，根据其中两枚蛋化石中保存的胚胎骨化石，被认为是属于原蜥脚类的 *Massospondylus carinatus*（Kitching, 1979; Grine et Kitching, 1987; Olsen et al., 1987; Reisz et al., 2010）。但是，由于蛋壳受到成岩作用的严重影响，不能显示出蛋壳原来的组织结构特征（Zelenitsky et Modesto, 2002）。最近，Reisz 等（2013）报道在我国云南省禄丰县的下侏罗统下禄丰组中发现了和原蜥脚类 *Lufengosaurus* 的胚胎骨化石保存在一起的、被认为也是 *Lufengosaurus* 的蛋壳碎片。根据 Reisz 等的描述，这些蛋壳碎片由石化了的卵壳膜和乳突层（锥体层）组成，厚度 110–140 μm。然而，从 Reisz 等提供的蛋壳显微结构照片（见 Reisz et al., 2013, Supplementary Information, Figures 2.1 – 2.2）看，由于放大倍率较低，很难肯定是石化了的卵壳膜和乳突层。

已经确知的、能显示出原来蛋壳组织结构的恐龙蛋壳化石发现于美国科罗拉多州和犹他州的上侏罗统 Morrison 组中。Hirsch（1994a）研究后认为，其蛋壳主要的特征是壳单元呈棱柱状，与蒙大拿州西部上白垩统 Two Medicine 组发现的、含有鸟脚类恐龙的"棱齿龙类"*Orodromeus makelai* 胚胎骨化石（Horner et Weishampel, 1988）的蛋壳组织结构很相似，将其命名为 *Prismatoolithus coloradensis*；随后，Zelenitsky 和 Hills（1996）又将其修订为 *Preprismatoolithus coloradensis*；同时，Horner 和 Weishampel（1996）也重新研究了蒙大拿蛋化石的胚胎骨骼，发现原先将其鉴定为"棱齿龙类"的 *Orodromeus makelai* 是错误的，这些胚胎骨骼应属于一种小型兽脚类恐龙——伤齿龙（*Troodon* cf. *T. formosus*）。

1908 年，在葡萄牙西部的晚侏罗世地层中发现的一枚蛋化石，其归属一直到 1975 年才被确认。由于这枚蛋化石是和剑龙类的 *Dacentrurus armatus* 的骨化石共生一起，因此被认为是 *Dacentrurus* 的蛋（Lapparent et Zbyszewski, 1957）。然而，Hirsch（1994a）认为，这枚蛋化石的蛋壳显微结构与在北美上侏罗统中发现的 *Preprismatoolithus coloradensis* 很相似，应属于伤齿龙类的蛋。在葡萄牙的 Lourinhã 也发现了一窝含有 30 枚类似于 *Preprismatoolithus* 的蛋化石以及属于兽脚类恐龙的胚胎骨化石（Mateus et al., 1998）。此外，在葡萄牙 Porto Pinheiro 的上侏罗统 - 下白垩统界线附近发现的蛋壳与法国和印度的 *Megaloolithus* 蛋壳很相似（Carpenter, 1999, p. 13）。

三、中国恐龙蛋类化石的发现及分类体系的建立

中国的恐龙蛋类化石非常丰富，而且有着独特而精彩的记载。1923 年，美国自然历史博物馆组织的"中亚考察团"在我国内蒙古二连浩特附近发现了一些破碎蛋壳。由于这些蛋壳的厚度比蒙古南戈壁发现的"原角龙蛋壳"要厚得多，而且蛋壳外表面比较光滑，气孔道形状极不规则，被认为可能是另一种恐龙（鸭嘴龙类？）的蛋（van Straelen, 1925, 1928; Andrews, 1932）。这是在中国发现恐龙蛋化石的首次报道。其实，早在 1921 年，日本人在辽宁省修筑"南满铁路"时，就在昌图市的泉头和双庙子之间的白垩系泉头组中发现了一枚圆形的蛋化石，随后于 1928 年在泉头火车站西南面一公里处又发现了几枚同样大小的圆形蛋化石（这些标本现存放在大连自然博物馆中）。根据日本学者矢部和尾崎（Yabe et Ozaki, 1929）的研究，这些蛋化石可能是某一种龟鳖类的蛋。但是，直到 1954 年，这些蛋化石才被确认是恐龙蛋（杨钟健，1954；周明镇，1954；刘金远等，2013）。

1950 年，山东大学地质系师生在山东省莱阳县进行地质调查时，在上白垩统王氏群（原先叫王氏系）中发现了两枚蛋化石和许多碎蛋壳（Chow, 1951）。根据这一线索，杨钟健、刘东生、王存义等到莱阳地区进行进一步的调查和发掘，结果不仅采集到几窝保存比较完整的 47 枚蛋化石及大量破碎蛋壳，而且还发现了闻名于世的棘鼻青岛龙（*Tsintaosaurus spinorhinus*）等完整的恐龙骨架（刘东生，1951；杨钟健，1958）。莱阳恐龙蛋化石的发现，拉开了中国恐龙蛋化石研究的序幕。根据蛋化石的形状和蛋壳外表面的纹饰，杨钟健（1954）将莱阳发现的蛋化石分为两种，并采用早期英国学者 Buckman（1859）对蛋化石的命名方法①，分别将这两种蛋化石命名为长形蛋（*Oolithes elongatus*）和圆形蛋（*Oolithes spheroides*）。与此同时，周明镇（1954）也研究了这些化石蛋壳的显微结构，证明这两种蛋不但在外形上有很大不同，而且在蛋壳的显微结构上也有显著区别。在此后的几年间，北京自然博物馆和天津自然博物馆等单位在山东省莱阳县上白垩统王氏群地层中又相继发现 6 个蛋窝，计 46 枚比较完整的恐龙蛋化石和许多蛋壳碎片（赵资奎、蒋元凯，1974），莱阳从而成为我国最早发现的重要的恐龙蛋化石地点。

20 世纪 60 年代初期，中国科学院古脊椎动物与古人类研究所的地质古生物学者在广东省南雄盆地一带进行调查，发现了大量的恐龙蛋、龟类及新生代早期哺乳类化石（张玉萍、童永生，1963；郑家坚等，1973）。蛋化石大都是成窝保存，数量又多，可以说是我国发现的第二个蛋化石最丰富的地点。经杨钟健（1965）研究，根据蛋化石的大小、形状，蛋壳厚度和蛋壳外表面的纹饰，基本上可以分为粗皮蛋（*Oolithes rugustus*）、长形蛋（*Oolithes elongatus*）、圆形蛋（*Oolithes spheroides*）和南雄蛋（*Oolithes nanhsiungensis*）四种。其中南雄蛋很小，而且蛋壳很薄，被认为是龟类的蛋。

从 20 世纪 70 年代以来，随着对我国南方中 - 新生代"红层"进行广泛的调查与研究，我国的地质古生物学者先后又在多个省、自治区发现了许多恐龙蛋化石地点（图 3；表 1；Wang et al., 2012），其中值得提出的是广东、江西、湖南、湖北、陕西、河南、浙江和山东等省的许多地区，保存完好的不同类型的恐龙蛋化石大量发现，尤其值得注意的是在广东省茂名市的上白垩统铜鼓岭组出土的、属于 *Shixigoolithus* 的一窝 6 枚蛋化石中，还发现一枚保存有蛋黄化石的恐龙蛋（图 4；Zhao et al., 1999b）。所有这些发现为我们研究白垩纪时恐龙蛋壳结构的演化，恐龙类的繁殖习性和行为，以及恐龙最后如何灭绝等问题提供了可靠依据。

20 世纪 70 年代初期，赵资奎和蒋元凯（1974）采用显微镜技术进一步研究山东莱阳和广东南雄等地发现的恐龙蛋化石，结果发现它们的蛋壳显微结构有很大的差异。例如原来被鉴定为圆形蛋（*Oolithes spheroides*）的标本，至少还可以分为 7 个类型；原来

---

① 1859 年，Buckman 记述了在英格兰南部 Cirencester 的海相地层（中侏罗统 Bathonian 阶）中发现的几枚蛋化石，由于没法确定是哪一类爬行动物的蛋，使用 Oolithes 加上一个种名来表示，命名为 *Oolithes bathonicae*。1996 年，Hirsch 采用扫描电镜观察这些蛋壳化石的显微结构，认为是一种龟类的蛋。

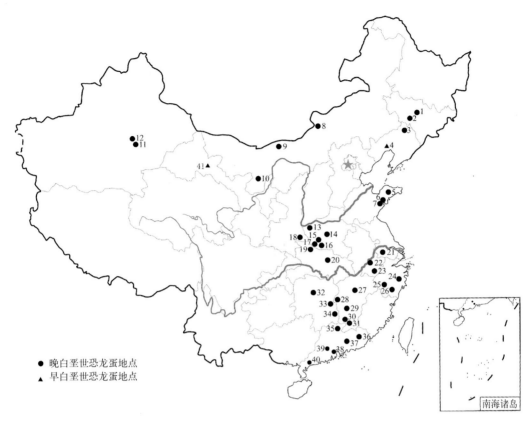

图 3 中国恐龙蛋类化石分布图

1. 长春，2. 公主岭，3. 昌图，4. 黑山，5. 莱阳，6. 胶州，7. 诸城，8. 二连浩特，9. 乌拉特后旗，10. 阿拉善左旗，
11. 吐鲁番盆地，12. 准噶尔盆地，13. 灵宝，14. 汝阳，15. 西峡，16. 内乡，17. 淅川，18. 山阳，19. 郧县，
20. 安陆，21. 宜兴，22. 贵池，23. 休宁，24. 天台，25. 衢州，26. 丽水，27. 高安，28. 萍乡，29. 泰和，
30. 南康，31. 信丰，32. 桃源，33. 株洲，34. 茶陵，35. 南雄，36. 梅州，37. 河源，38. 广州，39. 三水，
40. 茂名，41. 酒泉

被鉴定为长形蛋（*Oolithes elongatus*）的标本，至少也可以分为 3 个类型；原来被鉴定为粗皮蛋（*Oolithes rugustus*）的标本也可以分为 2 个类型，而且按其相似和相异的程度，还可以把它们排列成为一系列有差级的群。在此基础上，赵资奎（1975, 1979a）提出，可以根据蛋化石的形态特征，例如蛋的形状、大小、蛋壳外表面的纹饰和蛋壳显微结构等特征的差异程度的对比，并按照国际动物命名法规对恐龙蛋化石进行分类和命名，建立新的恐龙蛋化石分类系统。根据这一提议，赵资奎（1975, 1979a）将南雄和莱阳发现的 *Oolithes elongatus* 和 *Oolithes rugustus* 标本划分为 5 个蛋种，并按其形态特征相似和相异的程度分别组成 3 个蛋属——长形蛋属（*Elongatoolithus*）、巨形蛋属（*Macroolithus*）和南雄蛋属（*Nanhsiungoolithus*），并将其组成一新蛋科——长形蛋科（Elongatoolithidae）；将原来鉴定为 *Oolithes spheroides* 的标本划分为 3 个蛋属、7 个蛋种——圆形蛋属（*Spheroolithus*）、副圆形蛋属（*Paraspheroolithus*）和椭圆形蛋属（*Ovaloolithus*），并将其组成另一新蛋科——圆形蛋科（Spheroolithidae）。经过几年的实践，证明采用这一

表 1　中国白垩纪含恐龙蛋类地层对比表

年代地层（统）	年代地层（阶）	辽宁	吉林	浙江	湖南	山东	河南西峡	河南淅川	内蒙古	湖北	江西	新疆	安徽	陕西	广东
上白垩统	马斯特里赫特阶													山阳组	坪岭组
	坎潘阶				分水坳组	金刚口组		寺沟组	乌兰苏海组	?	莲荷组	?	?		
	圣通阶／康尼亚克阶						六爷庙组	马家村组		公安寨组		苏巴什组	宣南组		园圃组
	土伦阶			赤城山组		将军顶组	赵营组	高沟组		?	塘边组		?		
	赛诺曼阶	泉头组	泉头组	赖家组			走马岗组						徽州组		
下白垩统	阿尔布阶	?	?												
	阿普特阶	沙海组													

· 7 ·

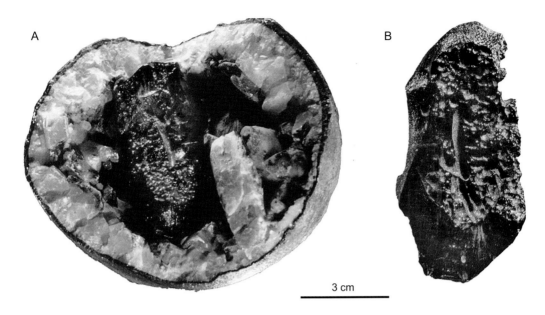

3 cm

图 4 恐龙蛋内的蛋黄化石（94MNZH 15：4）
A. 标本断面，示内部的方解石结晶和蛋黄化石；B. 蛋黄化石

分类方法似乎可以反映出各个恐龙蛋群之间的关系及其演化方向和发展阶段（赵资奎，1979a；Zhao, 1993, 1994）。因此，这个分类方法在 20 世纪 80 年代后期引起国外学者的关注，90 年代初，首先被俄罗斯和波兰的学者采用（Mikhailov, 1991; Sabath, 1991），随后，美国、法国、西班牙、加拿大和印度等国的学者也纷纷效仿（Carpenter, 1999; Carpenter et al., 1994）。他们强调，"应遵守中国古生物学家建立的蛋化石分类和命名方法，力求建立一个国际通用的恐龙蛋分类系统"（Mikhailov et al., 1996，p. 763），并把它叫做"Parataxonomical system"。

目前，通过对比蛋壳显微结构的形态特征以及蛋化石的宏观形态特征，已建立的恐龙蛋化石分类体系只有 3 个阶元，即蛋科（oofamily）、蛋属（oogenus）和蛋种（oospecies）。这一方面是由于在世界范围内发现的蛋化石非常稀少，而且所发现的材料大多是蛋壳碎片，对它们的研究和解释受到一定的限制；而另一方面，则是对于蛋壳形态特征的分类学原理和对比法则这样的问题，似乎还没有足够的认识，没有建立起较为完善的理论体系。总的说来，有关恐龙蛋类的分类研究尚处于初步发展阶段。然而，在我国还有很多地点，如河南省西南部、湖北省郧县、江西省萍乡和赣州、以及广东省河源等地区发现的大量恐龙蛋化石标本，迫切需要进行客观的描记、鉴定和分类。这对于在国际上建立起完善的恐龙蛋化石分类系统，并完善其分类学原理，探讨恐龙蛋壳组织结构的起源和演化，含恐龙蛋化石地层的划分与对比，研究陆相白垩纪古气候和古环境的变化，探讨白垩纪发生的恐龙多样性事件以及恐龙最后灭绝等方面的问题将具有特别重要的作用。

四、蛋壳的生物矿化作用和蛋壳组织结构

蛋壳化石既不是"遗迹化石"（如足迹化石），也不是生物排遗物形成的化石（如粪化石等）。正确地说，蛋壳是爬行类和鸟类在繁殖过程中身体发育的一个特殊组成部分（赵资奎，1975），就像孢粉是植物体发育过程中的一个特殊部分一样。蛋壳是在母体的输卵管中由细胞分泌形成，产出后便脱离母体。因此，蛋壳和骨骼、牙齿、鳞片及软体动物的贝壳一样，是一种生物矿化组织（Erben，1970; Mikhailov，1991）。它们具有下列共同特征：①由细胞分泌形成；②有一定的组织结构；③具有一定的生物功能。

近代生物矿物学的兴起，对恐龙蛋分类体系的建立起了很大的促进作用。由有关蛋壳的显微形态学、生物矿物学和生物化学的研究成果所组成的有关蛋壳概念和方法论是研究爬行类及鸟类蛋壳的基础。恐龙类蛋壳的基本结构单位——壳单元（eggshell unit）的形态结构特征基本上与鸟类的相似，是由方解石微晶和有机基质相互作用形成的一个高度有序的三维结构。根据对鸟类蛋壳形成的实验研究，壳单元的形成是在卵壳膜外层表面形成晶核，然后在生物矿化作用下，方解石微晶的大小、形状和延伸率以及方解石晶体与有机基质纤维的几何关系（有机基质纤维的生长方向与方解石 c 轴择优取向相同）决定了壳单元不同层次的形态结构特征（Erben，1970; Krampitz，1982; Krampitz et Witt，1979; Silyn-Roberts et Sharp，1986; Mikhailov，1987a, b）。

恐龙蛋化石的分类是以现生羊膜卵卵壳的有关知识为依据的。最早的蛋壳组织结构模式是 von Nathusius 于 1882 年依据鸟蛋壳的组织结构建立的（Romanoff et Romanoff，1949, p. 160），由里到外分为卵壳膜（shell membrane）、乳突层（mammillary layer）、海绵层（spongy layer）和护膜（cuticle）。事实上，海绵层并不是一层疏松、似海绵状的结构，而是一层由方解石微晶和有机基质相互作用形成的比较坚硬的钙化层。因此，后来有的学者使用了不同的名称，如 van Straelen（1925）将其叫做棱柱层（prismatic zone），Tyler（1965）将其叫做栅栏层（palisade layer），Erben（1970）将其叫做鱼骨型层（zone of fish bone pattern），赵资奎和蒋元凯（1974）将其称为层状棱柱层（stratified prismatic layer），等等。

现行的蛋壳组织结构模式及其相应的术语基本上是在 Schmidt（1962, 1965）研究的基础上建立起来的（图 5）。Schmidt 认为，鸟蛋壳的基本结构单位——壳单元的形成与非生物成因的球状晶体的生长非常相似，即从卵壳膜表面形成的球状晶核开始，随机向外生长。但是，由于卵壳膜的阻隔，阻止了球状晶体向蛋内方向生长，同时也由于球状晶核之间的间距很小，每个晶体侧向的生长也受到抑制，只能在这有限空间沿着 c 轴优先生长，从而提出鸟蛋壳每一个壳单元主要由锥体（cone）和柱体（column）组成。Schmidt 的观点已被多数学者接受。不过，他们在应用这一术语系统时，往往根据自己研究的结果又作了一些修改（有关蛋壳组织结构术语的演变可参阅佘德伟 1995 年论文）。

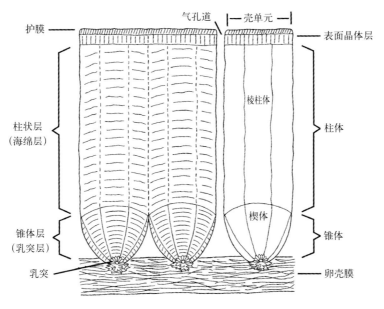

图 5　鸟蛋蛋壳基本结构模式图

根据现有的资料,所有鸟类蛋壳的组织结构均由壳单元紧密排列而成,从里向外一般可分为卵壳膜、锥体层(cone layer)、柱状层(columnar layer)和护膜等。柱状层中,由于壳单元紧密相连并且融合,一般很难观察到壳单元的柱体之间的界线。在锥体层和柱状层中还分布有形状各异、疏密不一的细管,称为气孔道(pore canal)。除此之外,不同种类的蛋壳还发育一些辅助性的组织结构,如表面晶体层(surface crystal layer)、网状层(reticulate layer)等(佘德伟,1995)。

实践证明,在进行恐龙类蛋化石的分类研究时,只有在了解蛋壳形成机制的基础上,才能够理解恐龙类蛋壳不同层次的形态结构特征的生物学意义,并以此来确定不同类型恐龙蛋壳的分类地位。

20 世纪 70 年代以来,很多学者(如 Erben, 1970;Erben et Newesely, 1972;赵资奎等,1981;赵资奎、黄祝坚,1986;Silyn-Roberts et Sharp, 1986;Schleich et Kastle, 1988;Packard et Hirsch, 1989;Mikhailov, 1991;佘德伟,1995 等)采用扫描电镜技术和 X 射线衍射分析技术研究各种羊膜卵钙质硬壳的显微结构特征,发现每一个较高级的分类群,如龟类、鳄类、有鳞类的壁虎科和鸟类等都显示出其独特的蛋壳组织结构形态(图 2、图 5)。这就使我们能够根据这些蛋壳结构模式把所发现的化石蛋壳归入到其相对应的高级分类阶元。但是,从已知的文献资料和实践经验看,根据壁虎类、龟类和鳄类的蛋壳组织结构特征,目前还没有办法将其进一步鉴定到较低的分类阶元(蛋科、蛋属、蛋种)。相反的,恐龙类和鸟类蛋壳的组织结构特征及蛋的宏观形态特征却有相当大的变异,可以更进一步划分到蛋科、蛋属和蛋种(赵资奎,1975, 1979a;张蜀康,2010;王强等,2010b;Carpenter et al., 1994;Mikhailov, 1997)。

五、恐龙蛋类蛋壳的组织结构及其形成机理

根据壳单元的排列方式，基本上可以把已发现的不同种类的恐龙蛋壳组织结构归纳为两种结构模式和两种形成机制（Zhao, 1993, 1994）。

（1）似鸟蛋壳组织结构——壳单元的形状比较规则，它们紧密相连形成锥体层和柱状层。壳单元的这种排列方式与鸟类蛋壳的组织结构模式相似，以长形蛋类、棱柱形蛋类、椭圆形蛋类等为代表（图6）。

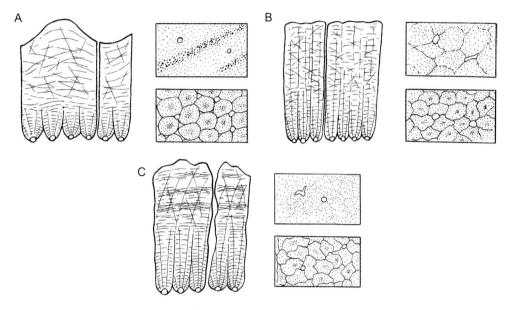

图 6　似鸟蛋壳组织结构
A. 长形蛋类；B. 棱柱形蛋类；C. 椭圆形蛋类

鸟类蛋壳的形成过程是首先在输卵管峡部分泌两层卵壳膜，接着在外层卵壳膜上形成细小有机质核，在方解石晶体沉积时起晶核作用。进一步的钙化作用发生在输卵管下部的膨大部分（子宫），产生锥体层和柱状层，结果卵壳膜和蛋壳钙质层之间有清楚的界线。这就表明，卵壳膜和钙质层是前后相继产生的（Simkiss, 1968; Erben, 1970; Simkiss et Taylor, 1971; Fujii, 1974; Taylor, 1974; Creger et al., 1976; Borad, 1982）。长形蛋类、棱柱形蛋类、椭圆形蛋类等的蛋壳组织结构与鸟类的相似，因此，可以认为以它们为代表的恐龙的输卵管构造和功能可能与鸟类的接近。也就是说，这些类型的恐龙蛋壳在输卵管中形成的过程与鸟类的基本相似，即先形成卵壳膜，然后产生锥体层和柱状层（图7）。

（2）网形蛋壳组织结构——壳单元的形状不规则，长短不一，排列松散。它们相互重叠，构架成网状或蜂窝状结构。这些类型的恐龙蛋壳组织结构模式从未在现生的鸟类或爬行类的蛋壳中出现过，以网形蛋类、蜂窝蛋类、树枝蛋类等为代表（图8）。可以认

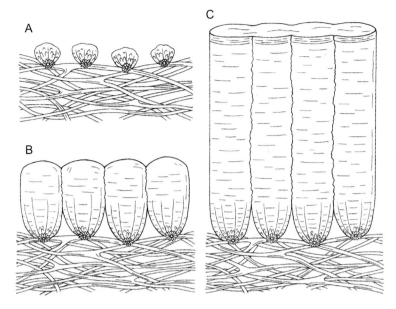

图 7　似鸟蛋壳组织结构的形成机理

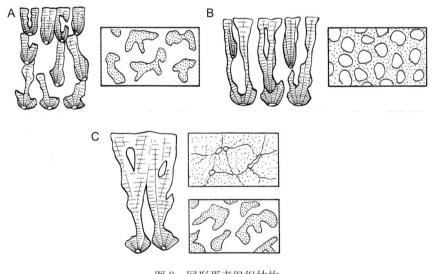

图 8　网形蛋壳组织结构
A.网形蛋类；B.蜂窝蛋类；C.树枝蛋类

为，这些类型的恐龙蛋壳原来的组织结构是由排列松散、相互重叠的壳单元与卵壳膜纤维交错编织而成，其形成机理和形成过程可能与鸟类的不同。它们的卵壳膜纤维和壳单元可能在输卵管中同时分泌形成。卵壳膜纤维持续生长，壳单元反复形成，交织在一起，直到壳单元生长到超过卵壳膜纤维为止（图9），结果这些壳单元架构成网状、树枝状或蜂窝状结构。

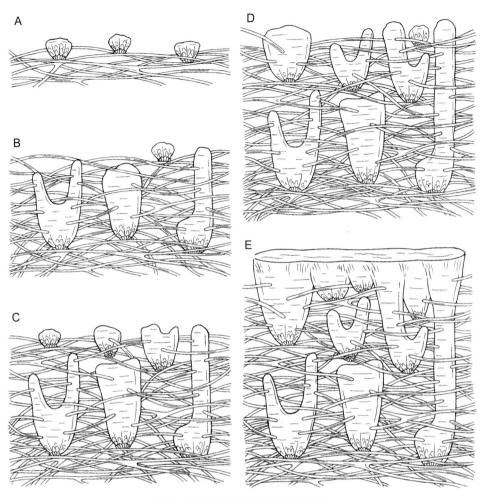

图9　网形蛋壳组织结构形成机理

六、恐龙蛋类化石的分类方法和命名

　　尽管早在 19 世纪中期，人们就已经知道在法国南部发现的蛋化石很有可能是恐龙蛋，但那时在世界上发现的恐龙蛋化石及其有关的知识还非常稀少。长期以来，很多学者除了对所发现的标本进行简单的描述外，一般都是根据与其共生的恐龙类骨化石来推测其属、种，或者笼统的叫恐龙蛋。然而，由于和蛋化石共生的恐龙骨化石一般都比较少，即使在某些地点发现很多共生的恐龙骨化石，也很难有充分的理由来肯定某种蛋是由某种恐龙产的。例如法国和西班牙的蛋化石，根据在同一地层中发现的恐龙骨化石，一般都认为它们是属于蜥脚类 *Hypselosaurus* 的蛋，而 Voss-Foucart（1968）认为可能是属于兽脚类 *Megalosaurus* 的。然而在西班牙发现的这种蛋化石却被鉴定为鸭嘴龙类的蛋（Kohring，1989）；Williams 等（1984）认为仅仅是在法国南部发现的恐龙蛋壳，至少就可分为 4 个类型，Penner（1985）认为有 3 个类型，而 Dughi 和 Sirugue（1958, 1976）认为有 9 个类型。

杨钟健（1954，1965）在描述我国发现的恐龙蛋化石时采用 Buckman（1859）对化石蛋的命名方法，即用 *Oolithes* 加上一个种名来表示。所描述的恐龙蛋化石"种"，是没有空间和时间向度的，只是为了区别而给不同类型的恐龙蛋化石一个拉丁化的名称而已。随着越来越多恐龙蛋的发现，在实践中便遇到了某些不能避免的困难。因为它无法表示已经发现的不同种类的蛋化石之间在形态特征上的差异和相似的程度（赵资奎，1975，1979a）。

Sochava（1969）提出可根据气孔道形态特征对恐龙蛋化石进行分类，并将在蒙古几个地区发现的恐龙蛋壳化石分为窄气孔道类型（angusticanaliculate type）、裂隙形气孔道类型（prolatocanaliculate type）和多气孔道类型（multicanaliculate type）。Erben 等（1979）接受 Sochava 的分类方法，将法国的恐龙蛋化石命名为管状气孔道类型（tubocanaliculate type）。

由于缺乏可靠的科学依据和没有一个统一的分类和命名方法，结果同一类型的蛋化石往往有几个名称。例如在蒙古和我国发现的那些形状为长形、蛋壳外表面具有棱纹纹饰的蛋化石，有的学者将其称为"原角龙蛋"，有的将其称为"长形蛋"，"窄气孔道蛋壳"或"鸭嘴龙蛋"，等等。这给恐龙蛋化石的鉴定和对比，以及学术交流等带来了很多困难。

20 世纪 50 年代以来，在世界上许多地区不断发现恐龙蛋化石，特别是在我国，保存完好的恐龙蛋窝以及破碎的蛋壳大量发现，而且其中很多类型都是我国所特有的。这些蛋化石具有高度的多样性以及明确的地理、地层分布，要求人们像研究任何一个动物化石类群一样，在弄清楚它们之间关系的基础上，进一步研究相关的生物学问题。因此，分类和命名就成为恐龙蛋化石研究的一个重要方面，也是首先需要解决的问题。

赵资奎(1975, 1979a; Zhao, 1994)提出根据恐龙蛋化石的宏观和微观形态特征的对比，将它们按种、属、科等分类层次划定的分类方法。它们的正式命名采用生物分类的双名法，即学名由属名和种名组成。为了避免与别的分类系统发生混淆，建议属名的后缀一律为 -oolithus（*oö*，希腊词，蛋；*lith*，希腊词，石）。目前这一分类和命名方法已得到多国有关学者的认可、采用和补充。例如，Carpenter 等（1994）和 Mikhailov 等（1996）建议，在命名"蛋科"、"蛋属"和"蛋种"时，不要把基于恐龙建立的分类体系和名称与这一分类系统混在一起；Vianey-Liaud 等（1994）提出，有关"蛋种"、"蛋属"、"蛋科"分别用"oospecies"、"oogenus"、"oofamily"表示。目前在国际上，以这一方法为基础，已初步建立起了一个被广泛接受的恐龙蛋化石分类系统。

分类是以比较为基础的，陈世骧（1964）曾经指出，"分类特征是对立的特征，只有对立的意义，没有单独的意义；决定于对比，不决定于结构本身"。也就是说，分类所依据的特征，都是通过对比来体现的，不经过对比，不能作为先定的分类特征。同样地，恐龙蛋化石的分类研究实际上就是从蛋壳的形态结构对比中发现特征、分析特征、选取特征进行分类。因此，恐龙蛋化石的分类特征可定义为：一窝蛋，一枚蛋，或蛋壳碎片与另一分类阶元的蛋化石相区别或者与同一分类阶元的蛋化石相似的任何属性。根据这一定义，可以认为，恐龙蛋化石分类单元不完全是任意划分的类群，它们也真实地反映了生物有机体之间的关系，具有特定的形态结构特征和系统发育的信息。因此，恐龙蛋化石的分类特征也同样具有双重作用：①在鉴别方面作为差异的指标；②作为探讨亲缘关系的依据。考虑到"蛋科"以上的分类单元需要在进一步综合的基础上进行分析，而我们的研究材料目前还处于积累阶段，而且随着研究程度的深入，有些"蛋种"、"蛋属"和"蛋科"可能会进一步分解或合并，因此目前只把它们确定到"蛋科"这一分类阶元。

恐龙蛋化石的分类特征主要有下列 3 项：

（1）宏观形态特征：蛋的形状、大小、蛋壳厚度和蛋壳外表面纹饰等。恐龙蛋的形状（图 10），除一般常见的，如圆形、长形以及介于两者之间的形状外，还有某些类群，如树枝蛋类及部分网形蛋类的形状则为扁圆形。恐龙蛋化石的形状和大小，一般可以通过测量蛋化石的长径（polar axis）、赤道直径（equatorial diameter）和计算蛋化石的形状指数（shape index = equatorial diameter × 100/ polar axis）来确定，其中形状指数反映的是蛋化石在长径方向上延伸的程度。形状指数为 90–100、80–90、50–80 和 ≤50 的蛋，可分别表述为圆形（图 10A）、近圆形、椭圆形（图 10B）和长形（图 10D）。扁圆形的蛋化石，

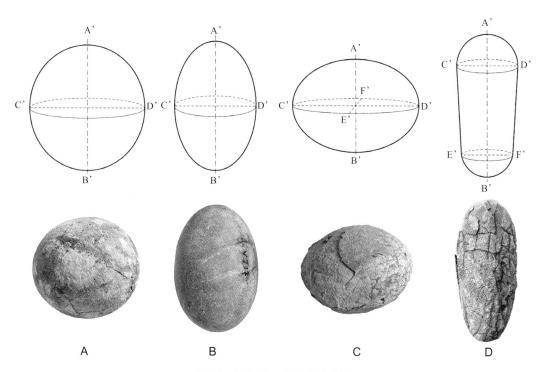

图 10　蛋化石宏观形态示意图

A. 圆形，线段 A'B'、C'D'均为蛋化石的直径；B. 椭圆形，点 A'、B'为蛋化石的两极，直线 A'B'为长径，线段 C'D'为赤道直径；C. 扁圆形，线段 A'B'为长径，线段 C'D'、E'F'分别为赤道的长轴和短轴；D. 长形，线段 A'B'为长径，线段 C'D'、E'F'分别为钝端和尖端直径，长形蛋的赤道直径为钝端直径和尖端直径的平均值

其形状指数 >150（图 10C），可视为沿椭圆短轴旋转形成的椭球，但其赤道有时为椭圆形，因此赤道直径并不是一个固定的数值，需要分别测量赤道的长轴和短轴的长度；至于蛋的尖端与钝端曲率差异明显的长形蛋类（图 10D），可近似地将尖端和钝端视为两个球冠，将中部视为一个圆台，两个球冠的底面直径，即蛋化石的尖端直径（pointed end diameter）和钝端直径（blunt end diameter），也是需要测量的参数。

（2）微观形态特征：对蛋壳组织结构的认识是以现生蛋壳的有关知识为依据，但是有一定局限性。现生蛋壳的有机物质，如卵壳膜、护膜、充填在气孔道中的原纤维以及钙质层中的有机网状结构（基质）等，在蛋化石中一般保存不下来，而可供研究的只是结晶质的钙质层的特征，如壳单元的形状、大小、排列形式及气孔道形状等。这些结构特征，在普通光学显微镜、偏光显微镜和扫描电镜（SEM）下都能观察得到。

在用光学显微镜和扫描电镜观察蛋壳样品之前，需要将蛋壳样品制成径切面（radial section）和弦切面（tangential section）镜检标本（图 11）。

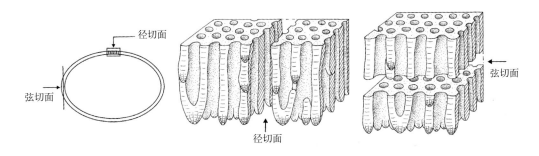

图 11　蛋壳镜检标本制作方法示意图

（3）行为特征：不同类型恐龙蛋在蛋窝中的排列方式各不相同，可作为恐龙蛋化石的分类特征。例如，蛋窝的大小、蛋在蛋窝中的排列方式以及蛋化石之间的间距等。这些特征反映出不同种类的恐龙有不同的筑巢产卵行为，因此在野外工作时，要尽可能的详细记录蛋化石的埋藏情况，并进行科学的采集。

由于恐龙在中生代结束时就已经灭绝了，对恐龙蛋的研究主要是以现代鸟类和某些爬行类钙质蛋壳的形态学方面的知识为依据。因此，根据蛋壳的形态比较解剖进行分类鉴定必须注意以下问题：

（1）要确立恐龙蛋类的蛋壳结构形态必须有完整的蛋化石标本。对于一个蛋化石或者一窝蛋化石的鉴定，一般说来，一个分类特征在同一个蛋化石类群的所有成员中应当有一定的变异范围。例如蛋的大小、形状、蛋壳外表面的纹饰、蛋壳厚度、壳单元的大小、形状和排列方式以及气孔形态等，在同一窝蛋中，甚至是相同的标本都有一些变异。因此，研究这些形态特征的变异性是很重要的。

（2）壳单元是构成蛋壳的基本结构单位，常以不同形式组合而形成蛋壳的三维结构。在采用显微镜技术研究蛋壳的组织结构时，只有同时观察蛋壳的径切面和弦切面，才能较为准确地反映蛋壳的真实结构特征。例如，蜂窝蛋类和网形蛋类如果只研究蛋壳的径切面，就很难将二者区别开来（图12）。

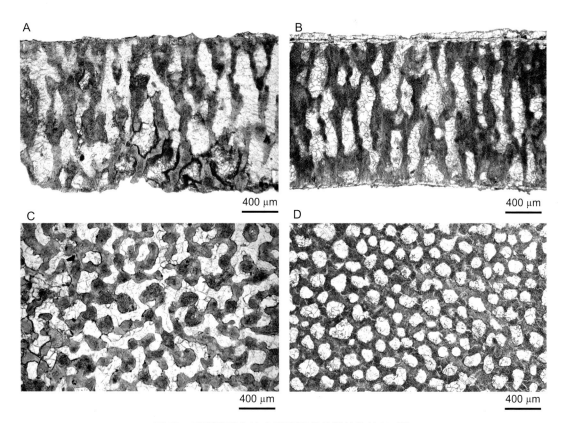

图 12　网形蛋类和蜂窝蛋类蛋壳显微结构特征对比
内乡原网形蛋（*Protodictyoolithus neixiangensis*）A. 径切面，C. 弦切面；
夏馆杨氏蛋（*Youngoolithus xiaguanensis*）B. 径切面，D. 弦切面

（3）光学显微镜和扫描电镜技术是研究蛋壳组织结构的重要手段。使用扫描电镜技术可以清楚地观察到组成壳单元的方解石微晶的形态及其排列方式和在成岩作用下发生的变化，如锥体中的板状超微结构及其排列方式（图13A）；但是蛋壳特有的消光形态以及不同类群的蛋壳柱状层中所具有的颜色条带等方面特征只有在光学显微镜下才能观察到（图13B）。采用光学显微镜和扫描电镜技术相结合的方法来研究蛋壳组织结构，可以更加客观的确定蛋壳组织结构的分类特征。

（4）在研究蛋壳的组织结构时，还必须注意不同程度的风化作用对蛋壳表面的影响。风化作用往往使蛋壳内表面的锥体层受到不同程度的破坏，甚至会改变蛋壳外表面纹饰的形态。因此，应当对每一个恐龙蛋类群的许多蛋壳碎片进行分析。

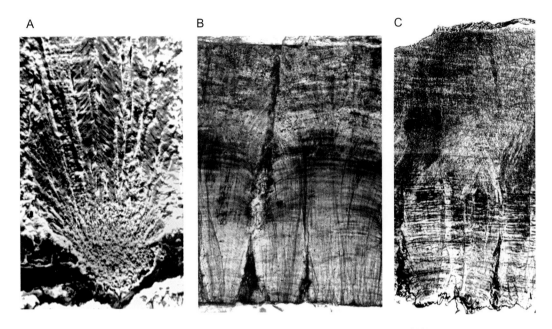

图 13　光学显微镜和扫描电镜下观察的蛋壳径切面显微结构

A. 粗皮巨形蛋（*Macroolithus rugustus*）蛋壳径向断裂面，在扫描电镜下清楚显示由乳突和放射状楔体构成的锥体；B，C. 在光学显微镜与扫描电镜下金刚口椭圆形蛋（*Ovaloolithus chinkangkouensis*）蛋壳径切面组织结构特征

（5）由病理或生理上的障碍引起的蛋壳结构异常，在现生或化石的鸟类和爬行类（包括恐龙类）蛋壳中已有很多记录（Erben, 1970, 1972；赵资奎，1975；Zhao, 1994；Hirsch, 2001；Zhao et al., 2002；赵资奎等，2009）。因此，以壳单元的形成机理为依据，区别正常结构和异常结构的蛋壳，可以更客观的确定蛋化石的分类地位。例如，在蜂窝蛋类、网形蛋类和树枝蛋类的蛋壳中，重叠的壳单元是重要的分类依据；但在长形蛋类和巨型长形蛋类中，重叠的壳单元却是病态的结构，不能作为分类依据。

系 统 记 述

长形蛋科 Oofamily Elongatoolithidae Zhao, 1975

模式蛋属 *Elongatoolithus* Zhao, 1975

概述 长形蛋类化石最早是 20 世纪 20 年代美国自然历史博物馆组织的"中亚考察团"在蒙古南戈壁的沙巴克拉乌苏（现称巴音扎克）的牙道赫塔组中发现的（Andrews, 1932），由于和蛋化石一起还发现了一系列由幼年到成年个体的安氏原角龙（*Protoceratops andrewsi*）骨化石，在有的蛋壳中还发现有胚胎骨骼。因此，这些蛋化石被认为是"原角龙蛋"。根据 Brown 和 Schlaikjer（1940）的报告，所有这些被认为是"原角龙蛋"的蛋化石形状为长形，但大小、形状和蛋壳外表面纹饰等特征差别很大。例如小的蛋，其长径为 76–102 mm，而大的蛋将近 203 mm；形状也很不同，例如蛋的尖端，有的很尖，有的就不十分尖；小蛋蛋壳的外表面纹饰很不明显，而大蛋则有很明显的棱脊状纹饰。对其中的一些蛋壳显微结构进行观察，表明"原角龙蛋壳"由锥体层和柱状层组成，锥体层较薄，柱状层相对较厚；生长线与蛋壳外表面平行，呈波状；气孔道直，弦切面近于圆形（van Straelen, 1925, 1928; Schwarz et al., 1961）。Sochava（1969, 1971）在研究蒙古发现的"原角龙蛋"化石时，根据蛋壳气孔道的形态特征，将其命名为窄气孔道类型（angusticanaliculate type）。

杨钟健（1954，1965）在记述山东省莱阳上白垩统王氏群和广东省南雄盆地上白垩统南雄群发现的长形蛋类化石时，根据蛋的大小和蛋壳外表面纹饰特征，将其分为长形蛋（*Oolithes elongatus*）和粗皮蛋（*Oolithes rugustus*），并认为这两种蛋虽然不同，但应当是属、种相近的恐龙——原角龙类产的。1975 年，赵资奎把长形蛋和粗皮蛋所有材料的宏观形态特征及其蛋壳显微结构特征加以比较，发现不仅可以把它们分为 5 蛋种，而且按其相似的程度，还可以将它们组合成 3 蛋属，即长形蛋属（*Elongatoolithus*）、巨形蛋属（*Macroolithus*）和南雄蛋属（*Nanhsiungoolithus*），并合并为一蛋科，命名为长形蛋科（Elongatoolithidae）。

鉴别特征 蛋化石长形，长径 100–210 mm，赤道直径 50–90 mm，形状指数约为 50，蛋壳外表面具小瘤状或脊状纹饰。蛋壳由壳单元紧密排列而成的锥体层和柱状层组成，在柱状层中一般很难观察到壳单元柱体的界线。柱状层中生长纹与蛋壳外表面平行，呈波浪形，气孔弦切面为圆形或近圆形。蛋在蛋窝中很有规律的呈放射状排列为一圆圈，蛋窝直径 40–50 cm，每窝蛋一般可有 2–4 层相互重叠的蛋化石。每一枚蛋在蛋窝中都是倾斜的埋藏于沙土中，钝端向内，尖端向外。

中国已知蛋属 *Elongatoolithus*，*Heishanoolithus*，*Macroolithus*，*Nanhsiungoolithus*，*Paraelongatoolithus*，*Undulatoolithus*，共 6 个蛋属。

分布与时代 目前世界上有正式记录的长形蛋科有 10 个蛋属 21 个蛋种，其中时代为早白垩世的，有中国的 *Heishanoolithus changii*（赵宏、赵资奎，1999），蒙古的 *Trachoolithus faticanus*（Mikhailov，1994a），西班牙的 *Macroolithus turolensis*（Amo et al.，1999）；属于晚白垩世的，在中国有 *Elongatoolithus*，*Macroolithus*，*Nanhsiungoolithus*，*Paraelongatoolithus* 和 *Undulatoolithus* 5 蛋属 10 蛋种；蒙古有 *Elongatoolithus* 和 *Macroolithus* 2 蛋属 5 蛋种（Mikhailov，1994a）；印度有 *Ellipsoolithus kbedaensis*（Mohabey，1998）；加拿大有 *Porituberoolithus warnerensis* 和 *Continuoolithus canadensis*（Zelenitsky et al.，1996）。此外，在吉尔吉斯斯坦的白垩系中发现的蛋化石（Nessov et Kaznyshkin，1986），在美国蒙大拿州上白垩统发现的，被认为可能属于 *Troodon* 的蛋化石（Horner，1987; Hirsch et Quinn，1990）和新墨西哥州上侏罗统 Morrison 组发现的碎蛋壳（Bray et Lucas，1997）等也应属于长形蛋科的成员。

评注

1. 1975 年，赵资奎在建立 Elongatoolithidae 时，并未按照《国际动物命名法规》之规定必须包括一个模式蛋属的指定，因此本册志书作了修订，指定 *Elongatoolithus* 作为这一蛋科的模式蛋属。

2. 关于长形蛋类化石属于哪一类恐龙蛋的问题：这类蛋化石在 20 世纪 20 年代由美国"中亚考察团"在蒙古南戈壁首次发现时被确认为是"原角龙蛋"，但由于没有正式的报告发表，因而一直受到人们的怀疑。Sochava（1969，1971）认为，这种类型的蛋化石在亚洲分布很广，而原角龙类的骨化石虽然在巴音扎克的牙道赫塔组中发现很多，但在其他地方并未见到，因而推测它们可能是鸭嘴龙类（hadrosaurian）的蛋。Kurzanov 和 Mikhailov（1989）则认为：鉴于长形蛋类的蛋壳显微结构特征与平胸鸟类的蛋壳结构模式相似，而鸟类和兽脚类恐龙的亲缘关系又很密切，因此猜想这些长形蛋类化石是兽脚类恐龙的蛋。20 世纪 90 年代初，Norell 等（1994）又在蒙古南戈壁上白垩统牙道赫塔组中发现了一枚残破的长形蛋类化石（从纹饰及蛋壳显微结构来看应当属于 *Elongatoolithus*），其中保存有可以被鉴定为窃蛋龙（*Oviraptor*）的胚胎骨骼；Cheng 等（2008）也在产自江西赣州的瑶屯巨形蛋中发现了可被鉴定为窃蛋龙类的胚胎，从而证明原先把长形蛋属的蛋化石鉴定为"原角龙蛋"是错误的，包括巨形蛋属在内，它们应是窃蛋龙类的蛋（Norell et al.，1994，2001; Cheng et al.，2008）。最近在浙江省发现的副长形蛋属（*Paraelongatoolithus*）的蛋化石，由于其蛋壳结构和美国蒙大拿州的恐爪龙蛋的蛋壳结构相同，所以有可能是恐爪龙及其相近属种的恐龙产的（Grellet-Tinner et Makovicky，2006；王强等，2010a）。

3. 关于长形蛋类的分类问题：长形蛋类是中亚地区晚白垩世最常见的蛋化石类群，特别是在中国，已发现的长形蛋类化石，其多样性以及保存之完整程度上，都是举世无双的。近年来在河南和浙江又相继发现了更大型的长形蛋类化石。它们蛋体巨大，其长径常在 40 cm 以上；每窝蛋只有一层蛋化石，蛋窝直径近 3 m，这些特征明显区别于长形蛋科的成员（李西兴等，1995；王强等，2010b），然而其外形、在蛋窝内呈放射状的排列方式及蛋壳显微结构特征与长形蛋科的非常相似。可以认为，所有这些大型的和较小的长形蛋类的蛋壳显微结构特征（即具有平胸鸟类蛋壳组织结构模式）以及蛋化石在蛋窝内放射状的排列方式非常稳定，可以作为"蛋科"以上的较高级的分类阶元，如"蛋超科"或"蛋亚目"的分类鉴别特征，而蛋的大小和蛋窝中蛋化石的层数可作为"蛋科"的分类鉴别特征。因此，我们把那些长径为 100–210 mm、蛋窝内具多层蛋化石的长形蛋类划分为 Elongatoolithidae；把那些长径 40 cm 以上，每窝蛋只有一层蛋化石的巨大长形蛋类划分为 Macroelongatoolithidae（王强等，2010b）。目前有关长形蛋分类的研究成果还不很多，有待今后，特别有赖于对我国发现的长形蛋类的更深入的研究。

4. 赵资奎在讨论广东省南雄盆地发现的恐龙蛋群时，建立了 Elongatoolithidae 另一蛋属、蛋种——*Apheloolithus shuinanensis*（Zhao et al., 1999a），由于是一篇会议报告的摘要，发表时没有描记，也没有指定正模和提供相关的图片，应为无效蛋属、蛋种。

长形蛋属 Oogenus *Elongatoolithus* Zhao, 1975

模式蛋种 *Elongatoolithus elongatus* (Young, 1954) Zhao, 1975

鉴别特征 蛋长形，长径 110–170 mm，赤道直径 58 – 82 mm。蛋壳外表面具棱脊状纹饰，锥体层和柱状层之间没有明显界线，气孔道直，弦切面近圆形。

中国已知蛋种 *Elongatoolithus elongatus, E. andrewsi, E. magnus, ?E. taipinghuensis*，共 4 蛋种。

分布与时代 山东、安徽、浙江、广东、江西、湖南、河南、陕西、内蒙古、新疆，晚白垩世。

评注

1. *Elongatoolithus* 是赵资奎于 1975 年根据杨钟健（1954, 1965）和周明镇（1954）记述的并存放在 IVPP 标本馆的 *Oolithes elongatus* 标本（IVPP V 734, IVPP V 2781a, IVPP V 2786）建立的一个蛋属，包含 2 个蛋种（*Elongatoolithus andrewsi* 和 *Elongatoolithus elongatus*）。随后，曾德敏和张金鉴（1979）根据在湖南常德的上白垩统分水坳组中发现的新材料建立了大长形蛋（*Elongatoolithus magnus*）。余心起（1998）记述的产自安徽黄山太平湖上白垩统徽州组的太平湖长形蛋（*Elongatoolithus taipinghuensis*），由于没有提供任何有关的蛋壳组织结构特征的描述或照片，因此其蛋属和蛋种都不能肯定（见本志书 28 页）。

2. 方晓思等（2000，2003）根据浙江天台盆地发现的材料建立了天台长形蛋（*Elongatoolithus tiantaiensis*）、赤城山长形蛋（*Elongatoolithus chichengshanensis*）和赖家长形蛋（*Elongatoolithus laijiaensis*）共 3 个蛋种；最近，方晓思等（2007b）又根据河南西峡发现的蛋化石标本建立了茧场长形蛋（*Elongatoolithus jianchangensis*）、杨家沟长形蛋（*Elongatoolithus yangjiagouensis*）和赤眉长形蛋（*Elongatoolithus chimeiensis*）3 个蛋种。根据其描述及蛋壳显微结构照片来分析，这些蛋种中只有杨家沟长形蛋具备长形蛋属的特征，但与 *Elongatoolithus elongatus* 完全相同（见本志书 24 页）；其余的都不具备 *Elongatoolithus* 的特征，赤城山长形蛋应归入石笋蛋科（Stalicoolithidae，见本志书 93 页）；赤眉长形蛋和天台长形蛋应归入棱柱形蛋科（Prismatoolithidae，分别见本志书 51 页和 58 页）；茧场长形蛋的蛋壳显微结构特征与主田南雄蛋相同（见本志书 35 页）；赖家长形蛋的分类地位目前还无法确定（见本志书 153 页）。

长形长形蛋 *Elongatoolithus elongatus* (Young, 1954) Zhao, 1975

（图 14）

Oolithes elongatus：杨钟健，1954，384 页（IVPP V 734），图版 I，图 1；周明镇，1954，391 页，图 2；杨钟健，1965，149 页（IVPP V 2781a），图版 XI

Elongatoolithus yangjiagouensis：方晓思等，2007a，101 页；方晓思等，2007b，138 页，图 12；王德有等，2008，37 页；方晓思，2009b，530 页

正模　IVPP V 734，一窝 13 枚保存比较完整的蛋化石。

模式产地　山东莱阳吕格庄金岗口东沟。

归入标本　IVPP V 2781a，两枚较完整蛋化石；NWU KSD16-5, KSD16-6 等 14 片蛋壳径切面镜检薄片和若干碎蛋壳；GMC 05HY-5, 05HY-6, 05HY-9, 05HY-10, 05YJG-1，蛋壳径切面镜检薄片。

鉴别特征　蛋长形，长径 110–149 mm，赤道直径 58–61 mm，形状指数平均 45。蛋壳外表面具棱脊状纹饰，蛋壳厚度 0.5–1.0 mm。气孔道直，弦切面近圆形。近内表面锥体直径为 0.15–0.28 mm，锥体密度为 37 个 /mm²。柱状层具波浪形生长纹，比较厚，锥体层厚度 0.06–0.24 mm，相对较薄，但在不同位置，锥体层厚度有很大变异。在柱状层中的波浪形生长纹的波峰处，锥体层厚一些，约 0.2 mm；在波谷处则很薄，有的甚至只能见到锥体痕迹。蛋壳厚度与锥体层厚度之比大约为 6 : 1。

产地与层位　山东莱阳吕格庄金岗口东沟（IVPP V 734），上白垩统金刚口组；广东南雄城南（IVPP V 2781a），上白垩统坪岭组；广东河源木京水电站—黄沙服装厂一带

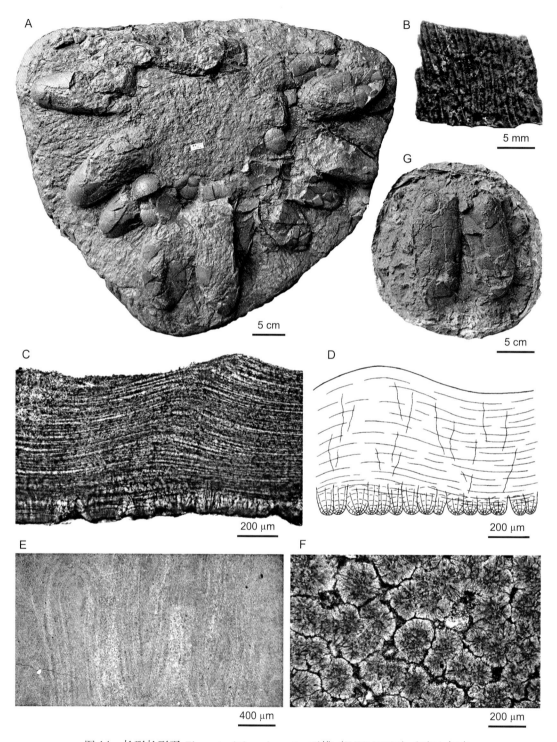

图 14　长形长形蛋 *Elongatoolithus elongatus* 正模（IVPP V 734）和归入标本

A – F. 正模：由 13 枚完整程度不同的蛋化石组成的一个蛋窝；B. 蛋壳外表面棱脊状纹饰；C. 蛋壳径切面；
D. 蛋壳径切面显微结构素描图，示锥体层厚度的变化情况；E. 蛋壳近外表面弦切面；F. 蛋壳锥体层弦切面；
G. 归入标本，蛋化石 2 枚（IVPP V 2781a）

（GMC 05HY-5，05HY-6，05HY-9，05HY-10），上白垩统东源组；河南西峡阳城杨家沟（GMC 05YJG-1），上白垩统走马岗组；陕西山阳过风楼唐家沟东山和张家沟至牛膀沟一带（NWU KSD16-5，KSD16-6 等），上白垩统山阳组。

评注

1. 杨钟健（1965）认为 IVPP V 2781a 和 IVPP V 2786 蛋化石的形状、大小和蛋壳外表面纹饰等特征与 IVPP V 734（杨钟健，1954）的都很相似，将其归为 *Oolithes elongatus*，赵资奎（1975）在比较它们的蛋壳显微结构后，发现 IVPP V 734 和 IVPP V 2781a 具有相似的蛋壳显微结构，且蛋壳较薄；IVPP V 2786 的蛋壳锥体层相对厚度较大，并且蛋壳也较厚，所以将 IVPP V 734、IVPP V 2781a 与 IVPP V 2786 区别开来，分别建立了长形长形蛋和安氏长形蛋两蛋种。

2. 周明镇曾报告 IVPP V 734 的蛋壳外表面还保存有白色透明的蛋白质薄膜(cuticle)，并以此作为与蒙古发现的"原角龙蛋"唯一的重要区别（周明镇，1954，391 页，图 2）。赵资奎和蒋元凯（1974）重新观察周明镇研究的、被认为保存有蛋白质护膜的蛋壳径切面磨片标本，在偏光镜下，可见蛋壳外表面上的白色透明层有棱柱形解理、明显的消光现象及在单偏光下闪突起等特征。这是在石化过程中由于地下水的作用沉积在蛋壳表面的一薄层次生方解石晶体，并非原生的蛋白质薄膜。蛋白质是由若干氨基酸通过肽链连成的长链生物有机大分子，在石化过程中是不可能保存下来的。如果在特殊情况下能保存下来也都被碳化成为黑色残留物。

3. 方晓思等（2007b）记述河南西峡阳城杨家沟出土的一蛋种——杨家沟长形蛋（*Elongatoolithus yangjiagouensis*）（GMC 05YJG-1），认为它与长形长形蛋的区别是"蛋壳较薄，生长线角度大"。实际上"杨家沟长形蛋"蛋壳的厚度（0.6 mm）仍在长形长形蛋蛋壳厚度的变异范围之内，并且在蛋壳的径切面上所见的生长纹起伏程度与该切面和蛋壳外表面纹饰延伸方向的夹角相关，所以同一块蛋壳不同角度的径切面上生长纹起伏程度都有所不同，因此不能作为区别不同蛋种的特征。由此可见，"杨家沟长形蛋"是长形长形蛋的晚出同物异名。

安氏长形蛋 *Elongatoolithus andrewsi* Zhao, 1975

（图 15）

Protoceratops andrewsi：van Straelen, 1925, p. 1–4, fig. 1; Schwarz et al., 1961, p. 365–369, figs. 2, 5, 16, 17

Oolithes elongatus：杨钟健，1965，149，150 页（IVPP V 2786），图版 IX，图 A；图版 X

Lanceoloolithus huangtangensis：方晓思等，2009a，176 页，图 7；方晓思等，2009b，527 页

A   B

5 cm   1 cm

C

300 μm

D   E

400 μm   250 μm

图 15   安氏长形蛋 *Elongatoolithus andrewsi*

A. 正模（IVPP V 2786），由 11 枚保存较为完整的蛋化石组成的一个蛋窝；B. 蛋壳外表面示脊状纹饰；
C. 蛋壳径切面；D. 蛋壳近外表面弦切面；E. 蛋壳锥体层弦切面

正模 IVPP V 2786，一窝 11 枚保存比较完整的蛋化石。现收藏于 NWU 地质系标本陈列馆。

模式产地 广东南雄水口。

归入标本 GMC 08pm-41-2-1-b，蛋壳径切面镜检薄片一片。

鉴别特征 蛋长形，长径 135–150 mm，赤道直径 63–77 mm，形状指数平均 48。蛋壳外表面具棱脊状纹饰，蛋壳厚度 1.10–1.50 mm。锥体层和柱状层之间没有明显界线，但大体上仍可分别开来。锥体层厚度平均为 0.3 mm，约占蛋壳厚度的 1/4。近内表面锥体直径为 0.15–0.32 mm，锥体密度为 26 个 /mm^2。柱状层具波浪形生长纹，但在接近锥体层时逐渐趋于平缓。

产地与层位 广东南雄水口镇（IVPP V 2786），上白垩统坪岭组；广东南雄、始兴（GMC 08pm-41-2-1-b），上白垩统坪岭组。

评注

1. IVPP V 2786 蛋化石标本的蛋壳显微结构与 1922–1925 年在蒙古牙道赫塔组中发现的被认为是安氏原角龙（*Protoceratops andrewsi*）蛋的（van Straelen, 1925; Schwarz et al., 1961）很相似，赵资奎（1975）将其命名为安氏长形蛋（*Elongatoolithus andrewsi*）。

2. 方晓思等（2009a, b）记述广东南雄盆地出土的黄塘披针蛋（*Lanceoloolithus huangtangensis*），根据作者的描述和提供的蛋壳径切面图（方晓思等，2009a，176 页，图 7）可以看出，蛋壳的锥体形态、柱状层内生长纹的形态及锥体层占壳厚的比例均与安氏长形蛋相同，虽然蛋壳稍薄，但其厚度（0.8 mm）也在赵资奎等（2009）报道的广东南雄盆地的安氏长形蛋的壳厚变异范围（0.60–1.52 mm）之内，蛋壳变薄与恐龙从食物中吸收了过多的微量元素有关（赵资奎等，1991，2009；Zhao et al., 2002），故"黄塘披针蛋"实为安氏长形蛋的晚出同物异名。

大长形蛋 *Elongatoolithus magnus* Zeng et Zhang, 1979
（图 16）

正模 野外编号 No. 76901，由 6 枚完整蛋化石和 3 枚不完整蛋化石组成的一个不完整蛋窝，标本保存于 PSETH。

模式产地 湖南常德岩码头。

归入标本 IVPP V18541（野外编号 No. 6215），若干碎蛋壳。

鉴别特征 蛋长形，长径 162–172 mm，赤道直径 63–82 mm，形状指数平均 44。蛋壳厚度 0.68–0.90 mm。组成蛋壳的锥体层和柱状层之间没有明显界线，但大体上仍可将两层分开。柱状层具波浪形生长纹，比较厚，锥体层厚度 0.11–0.17 mm，相对较薄，在波峰处的锥体层较厚，波谷处则很薄，有的甚至只能见到锥体痕迹。柱状层厚度与锥体

A

B

200 μm

图 16　大长形蛋 *Elongatoolithus magnus*

A. 正模（No. 76901），由 6 枚完整的和 3 枚残破的蛋化石组成的一不完整蛋窝；B. 蛋壳径切面

（IVPP V18541）

层厚度之比大约为 6∶1。

　　产地与层位　湖南常德岩码头（No. 76901），上白垩统分水坳组；广东南雄城南（IVPP V18541），上白垩统坪岭组。

　　评注　*Elongatoolithus magnus* 和 *Elongatoolithus elongatus* 蛋壳的显微结构非常相似，曾德敏和张金鉴（1979）认为大长形蛋锥体层的间断不连续可与长形长形蛋相区别。但长形长形蛋锥体层在柱状层内生长纹下凹处也很薄（见长形长形蛋的鉴别特征），如果蛋壳内表面受到风化侵蚀则极易出现锥体层间断的情况，所以这两个蛋种的区别主要根据蛋的大小：前者的长径为 110–149 mm，赤道直径为 58–61 mm；后者的长径为 162–172 mm，赤道直径为 63–82 mm。如果研究的材料只有蛋壳碎片，那么就无法知道蛋的大小和形状，也就很难将这两个蛋种区别开。

?太平湖长形蛋 *?Elongatoolithus taipinghuensis* Yu, 1998

材料 若干个蛋窝（没有注明标本编号及保存单位）。

标本描述 每窝 3–4 层蛋化石，每层 3–4 枚。蛋长形，长径约 170 mm，赤道直径约 60–70 mm，形状指数平均 38。

产地与层位 安徽黄山太平湖，上白垩统宣南组。

评注 余心起（1998）记述的太平湖长形蛋的形状和大小，都在已知的长形蛋科各蛋属的变异范围之内，由于作者没有提供蛋化石标本的照片、标本编号及标本收藏单位，也没有描述蛋壳显微结构的特征，无法确定其所属的蛋属和蛋种。

巨形蛋属 Oogenus *Macroolithus* Zhao, 1975

模式蛋种 *Macroolithus rugustus*（Young, 1965）Zhao, 1975

鉴别特征 蛋较大，长形。长径 165–210 mm，赤道直径 70–90 mm。蛋壳外表面具小瘤状纹饰，或由数个小瘤连接成链条状纹饰，但比 *Elongatoolithus* 的较为粗短。锥体层和柱状层之间有明显界线。气孔道直，弦切面近圆形。

中国已知蛋种 *Macroolithus rugustus*, *M. yaotunensis*，共 2 蛋种。

分布与时代 广东、江西、湖南、陕西，晚白垩世。

评注 *Macroolithus* 是赵资奎（1975）根据杨钟健（1965）记述的 *Oolithes rugustus* 标本（编号为 IVPP V 2788、IVPP V 2784、IVPP V 2781、IVPP V 2785 和 BMNH PMRE 151）建立的一个蛋属，包含 2 个蛋种（*Macroolithus rugustus* 和 *M. yaotunensis*）。

粗皮巨形蛋 *Macroolithus rugustus* (Young, 1965) Zhao, 1975

（图 17）

Oolithes rugustus：杨钟健，1965，144–149 页（IVPP V 2788），图版 IV–VI

Macroolithus lashuyuanensis：方晓思等，2009a，176, 177 页，图 8；方晓思等，2009b，536 页

正模 IVPP V 2788，一窝 18 枚保存完整的蛋化石。

模式产地 广东南雄乌径腊树园。

归入标本 GMC 08pm-38-1（NX070124），蛋壳径切面镜检薄片。

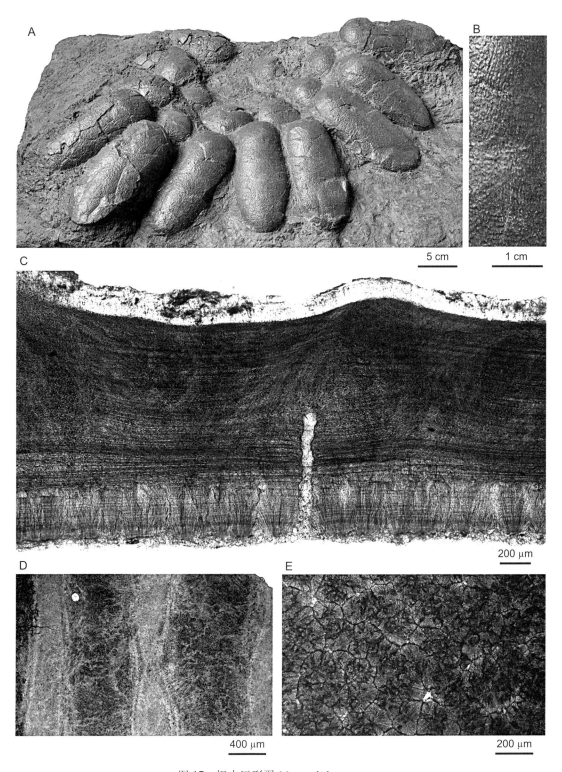

图 17　粗皮巨形蛋 *Macroolithus rugustus*

正模（IVPP V 2788）：A. 由 18 枚保存较完整的蛋化石组成的一个蛋窝；B. 蛋壳外表面脊状纹饰；C. 蛋壳径切面；D. 蛋壳近外表面弦切面；E. 蛋壳锥体层弦切面

鉴别特征　蛋长形，长径 165–181 mm，赤道直径 75–85 mm，形状指数 49。蛋壳外表面主要由数个小瘤连接成链条状纹饰，蛋壳厚度 1.44–1.70 mm。锥体层厚度 0.40 mm，近内表面锥体直径为 0.12–0.30 mm，锥体密度为 32 个 /mm^2。柱状层具波浪形生长纹，锥体层和柱状层之间有明显界线，其分界线大体与蛋壳内表面平行。柱状层厚度与锥体层厚度之比大约为 3∶1。

产地与层位　广东南雄乌径腊树园（IVPP V 2788, GMC 08pm-38-1），上白垩统园圃组、坪岭组；江西（BMNH PMRE151），上白垩统。

评注　方晓思等（2009a）记述的广东南雄盆地上白垩统南雄群园圃组发现的新蛋种——腊树园巨形蛋（*Macroolithus lashuyuanensis*），蛋壳径切面镜检薄片编号 GMC 08pm-38-1。其蛋壳锥体层与柱状层的分界线大体与蛋壳内表面平行，锥体层厚度占壳厚的 1/4，这些特征均与粗皮巨形蛋相同，唯一不同的是这个标本的蛋壳厚度达到 2.30–2.70 mm，明显比粗皮巨形蛋的蛋壳厚。但是从文中蛋壳径切面图的比例尺计算，这个标本的壳厚实际上只有 2.00 mm。南雄盆地含恐龙蛋化石地层是晚白垩世晚期恐龙灭绝时期沉积的，由于当时发生过多次地球化学环境变化，大量的恐龙蛋壳都显示出明显的病理结构特征，其中之一就是蛋壳厚度发生了很大的变异，例如 *Macroolithus rugustus* 蛋壳厚度的变异范围在 0.92–2.38 mm（赵资奎等，1991，2009；Zhao et al.，2002）。因此，"腊树园巨形蛋"与粗皮巨形蛋应为同一蛋种。

瑶屯巨形蛋 *Macroolithus yaotunensis* Zhao, 1975

（图 18，图 19）

Oolithes rugustus：杨钟健，1965，144–149 页（IVPP V 2784，IVPP V 2781，IVPP V 2785），图版 I–III；图版 IX，图 B

Lepidotoolithus guofenglouensis：薛祥煦等，1996，91–93 页，图版 X，图 4；图版 XI；王德有等，2008，37 页

正模　IVPP V 2784，一窝 20 枚保存较为完整的蛋化石。

副模　IVPP V 2781，3 枚较完整的蛋化石；IVPP V 2785，一窝 10 枚近乎完整的蛋化石，该标本现保存在 SNHM。

模式产地　广东南雄雄州瑶屯。

归入标本　BMNH PMRE 151，一窝 24 枚较为完整的蛋化石；NWU KSD1-3, KSD1-6, KSD32-2 等 17 片蛋壳镜检薄片和若干碎蛋壳；GMC 05HY-11，蛋壳径切面镜检薄片；NMNS-0015726-F02-embryo-01, CM-41，均为半枚含窃蛋龙类胚胎骨骼的蛋化石。

鉴别特征　蛋长形，长径 190–210 mm，赤道直径 70–90 mm，形状指数平均 40。蛋壳

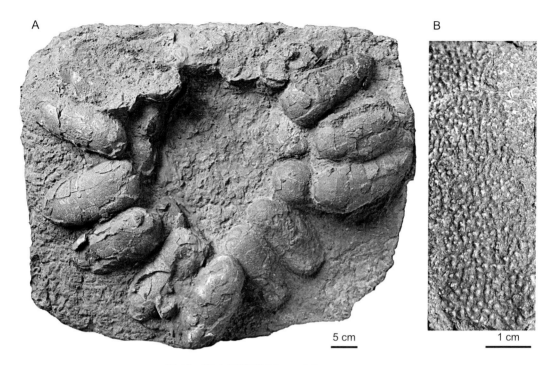

图 18　瑶屯巨形蛋 *Macroolithus yaotunensis*

A. 正模（IVPP V 2784），由 20 枚保存较完整的蛋化石组成的一个蛋窝；B. 蛋壳外表面瘤点状纹饰

外表面具小瘤状纹饰，或由数个小瘤连接成链条状纹饰。蛋壳厚度 1.40–1.85 mm，锥体层和柱状层之间的分界线呈波浪形。在波峰处锥体层厚度 0.40–0.70 mm，平均 0.50 mm；在波谷处锥体层厚度 0.20–0.50 mm，平均 0.30 mm。近内表面锥体直径为 0.15–0.30 mm，锥体密度为 28 个 /mm^2。柱状层厚度与锥体层厚度之比大约为 3∶1。

产地与层位　广东南雄雄州瑶屯（IVPP V 2784），南雄城南 1.5 km（IVPP V 2781），瑶屯正北 1 km（IVPP V 2785），上白垩统坪岭组；广东河源木京坝尾沙场口公路对面（GMC 05HY-11），上白垩统东源组；陕西山阳过风楼唐家沟、张家沟、鹃岭沟及十里乡白沟口（NWU KSD1-3, KSD1-6, KSD32-2），上白垩统山阳组；江西赣州五里亭（BNHM PMRE 151），赣州（NMNS-0015726-F02-embryo-01, CM-41），上白垩统南雄群；湖南桃源（标本保存在 HUGM），上白垩统。

评注　张秋南和薛祥煦根据在陕西秦岭东段山阳盆地上白垩统山阳组采集的一些碎蛋壳标本（NWU KSD1-3, KSD1-6, KSD32-2）建立了 Elongatoolithidae 的一新蛋属、蛋种——过风楼鳞片蛋（*Lepidotoolithus guofenglouensis* Zhang et Xue, 1996），认为其主要特征是柱状层具鳞片状结构特征（见薛祥煦等，1996，91，92 页，图版 X，图 4a–c）。从该文中的图 4a 可以看出，柱状层中的"鳞片状结构"其实包含着两种不同的结构形态：一种是那些受有机基质调控的鳞片状结构（也称块状晶体单元，见佘德伟，1995）；另一种是那些受晶体形态，即沿 [104] 晶面控制的方解石解理（一般称为 Fish-bone pattern，

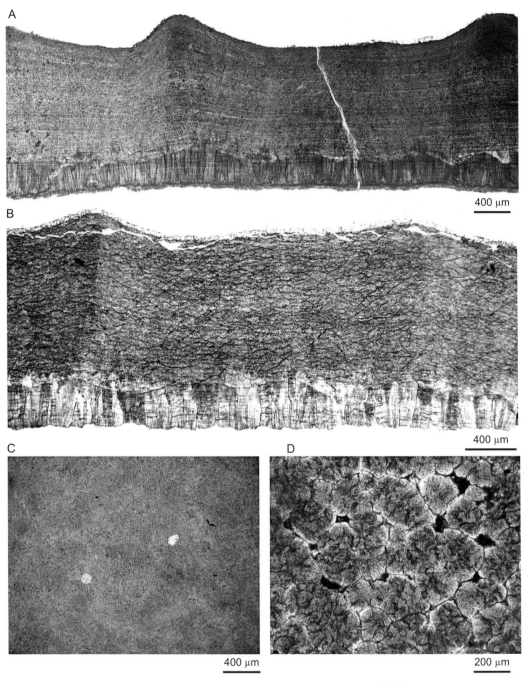

图 19 瑶屯巨形蛋 *Macroolithus yaotunensis* 蛋壳显微结构

正模（IVPP V 2784）：A. 蛋壳径切面；B. 蛋壳径切面，示鳞片状结构；C. 蛋壳柱状层弦切面；D. 蛋壳锥体层弦切面

参阅 Erben, 1970）。在大多数情况下，其形态特征在很大程度上取决于蛋壳在石化过程中重结晶的程度。上述这两种结构特征在大圆蛋类、长形蛋类和棱柱形蛋类等的某些蛋壳的径切面上也可以见到（Erben, 1970; Hirsch et Quinn, 1990）。在广东省南雄盆地发现

的瑶屯巨形蛋的蛋壳，有的也具有"鳞片状结构"特征（图19B），甚至同一个蛋不同部位的蛋壳径切面中，有的具有这种结构，有的则没有。这就进一步说明，这种结构并不具有分类学的意义。从"过风楼鳞片蛋"的蛋壳厚度和锥体层与柱状层厚度的比例来看它仍属于瑶屯巨形蛋，所以，*Lepidotoolithus guofenglouensis* 是 *Macroolithus yaotunensis* 的晚出同物异名。

南雄蛋属 Oogenus *Nanhsiungoolithus* Zhao, 1975

模式蛋种　*Nanhsiungoolithus chuetienensis* Zhao, 1975

鉴别特征　蛋长形，长径 130–145 mm，赤道直径 55–75 mm，形状指数平均 53。蛋壳外表面具棱脊状纹饰，但很不明显。蛋壳厚度 0.60–1.30 mm，组成蛋壳的锥体层和柱状层之间没有明显界线，但大体上仍可将两层分开。柱状层中生长纹略呈波浪形，在偏光镜下可分辨出长柱状的壳单元。锥体的形状和大小有很大变异，有的比较粗圆，有的则比较细长，楔体及锥体间隙明显。近内表面锥体直径为 0.12–0.25 mm，锥体密度为 68 个 /mm^2。气孔道形状不规则，一般呈裂隙形，有的呈三角形或多角形。

中国已知蛋种　仅模式蛋种。

分布与时代　广东、河南，晚白垩世。

评注　杨钟健（1965）根据蛋的大小、形状及其在蛋窝中的排列方式将 IVPP V 2782 和 IVPP V 2783 标本归入 *Oolithes elongatus*。赵资奎（1975）发现它们的蛋壳显微结构特征明显不同于 *Elongatoolithus* 和 *Macroolithus* 的成员，尤其是气孔道形状不规则，呈裂隙形，因此将其另立为一新的蛋属——南雄蛋属（*Nanhsiungoolithus*）。

主田南雄蛋 *Nanhsiungoolithus chuetienensis* Zhao, 1975

（图 20）

Oolithes elongatus：杨钟健，1965，149，150 页（IVPP V 2782, IVPP V 2783），图版 XII；图版 XIII，图 A

Elongatoolithus jianchangensis：方晓思等，2007a，101 页；方晓思等，2007b，138 页，图 11；王德有等，2008，36 页；方晓思等，2009b，530 页

正模　IVPP V 2782，由 3 枚比较完整的蛋化石和 3 个蛋的印模组成的一窝蛋。

副模　IVPP V 2783，由 3 枚近乎完整、2 枚残破的蛋化石和 2 个蛋的印模组成的一个不完整蛋窝。该标本现保存在 CQMNH。

模式产地　广东南雄雄州南。

图 20　主田南雄蛋 *Nanhsiungoolithus chuetienensis*

A. 由 3 枚比较完整的蛋化石和 3 个蛋的印模组成的一窝蛋（IVPP V 2782）；B. 图 A 中箭头所指蛋
化石的特写；C. 蛋壳径切面（IVPP V 2783）；D. 蛋壳柱状层弦切面，示不规则形的气孔（IVPP V 2783）；
E. 蛋壳锥体层弦切面，示锥体及锥体间隙（IVPP V 2783）

归入标本　IVPP V 11576，8块蛋壳碎片；GMC 05HD-5，蛋壳径切面镜检薄片1片。

鉴别特征　同蛋属。

产地与层位　广东南雄雄州南（IVPP V 2782）和南雄大凤主田北（IVPP V 2783），上白垩统园圃组；河南淅川老城四路沟东（IVPP V 11576），上白垩统马家村组；河南西峡阳城茧场（GMC 05HD-5），上白垩统赵营组。

评注　方晓思等（2007b）记述在河南西峡阳城茧场发现的蛋种——茧场长形蛋（*Elongatoolithus jianchangensis*）（编号为GMC 05HD-5的蛋壳径切面镜检薄片），其蛋壳中锥体和生长纹的形态与主田南雄蛋完全相同，柱状层内长柱状的壳单元清晰可见，蛋壳厚度也在主田南雄蛋壳厚的变异范围之内，二者应为同一蛋种，"茧场长形蛋"为主田南雄蛋的晚出同物异名。

黑山蛋属 Oogenus *Heishanoolithus* Zhao et Zhao, 1999

模式蛋种　*Heishanoolithus changii* Zhao et Zhao, 1999

鉴别特征　蛋壳外表面具小瘤状纹饰、或由数个小瘤连接成链条状纹饰，长度约1.50 mm。蛋壳厚度1.20–1.50 mm，锥体层和柱状层之间的分界线呈波浪形。在波峰处锥体层厚度为0.15 mm，在波谷处为0.07 mm。柱状层与锥体层厚度之比约为7∶1。

中国已知蛋种　仅模式蛋种。

分布与时代　辽宁，早白垩世中期。

评注　黑山蛋属是在中国首次发现的早白垩世的长形蛋科成员。在世界范围内，早白垩世的长形蛋科成员在蒙古（Mikhailov, 1994a）和西班牙（Amo et al., 1999）也相继发现。此外，在美国新墨西哥州上侏罗统Morrison组发现的碎蛋壳也应属长形蛋科成员（Bray et Lucas, 1997）。由于在20世纪80年代以前，几乎所有的恐龙蛋化石都是在晚白垩世地层中发现的，所以那时有一个流行的解释就是晚白垩世以前恐龙所产的卵，其卵壳可能与某些现生爬行类的一样，是一种柔韧的膜状蛋壳，很难成为化石保存下来。只有到了晚白垩世，由于环境变化,恐龙才发展出坚硬的钙质蛋壳(Sochava, 1969, 1971; Erben et al., 1979)。但是，近20多年的新发现表明，坚硬的钙质蛋壳出现的时代比原来想象的还要早。

常氏黑山蛋 *Heishanoolithus changii* Zhao et Zhao, 1999

（图21）

正模　IVPP V 11578，碎蛋壳7片。

模式产地　辽宁黑山八道壕。

鉴别特征　同蛋属。

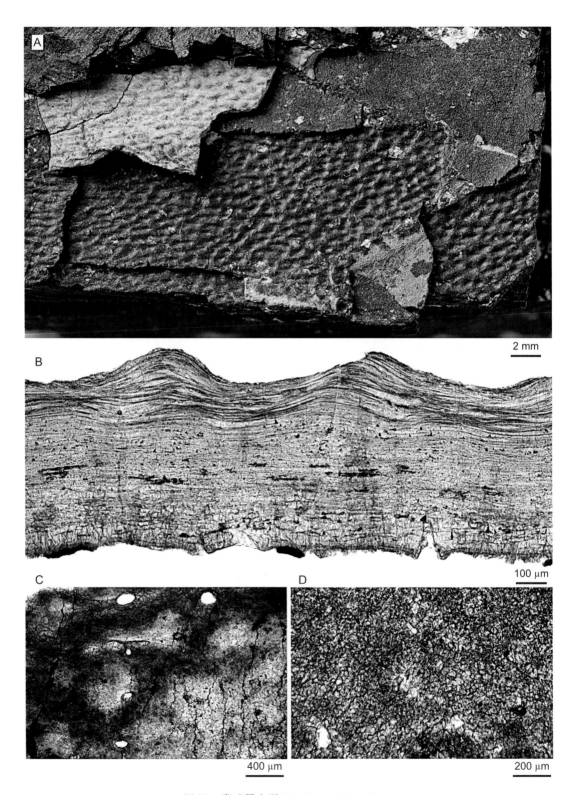

图 21 常氏黑山蛋 *Heishanoolithus changii*

正模（IVPP V 11578）：A. 碎蛋壳；B. 蛋壳径切面，示柱状层上部明显的波浪形生长纹及短小的锥体；
C. 蛋壳近外表面弦切面，示气孔；D. 蛋壳锥体层弦切面，示锥体

产地与层位　辽宁黑山八道壕，下白垩统沙海组。

评注　*Heishanoolithus changii* 是目前在中国发现的、时代最早（早白垩世早 - 中期）的长形蛋类化石。与南雄蛋属和副长形蛋属相比，它的外表面纹饰和显微结构明显更接近于长形蛋属和巨形蛋属，因此这些碎蛋壳所代表的蛋化石很可能也是窃蛋龙类所产。值得注意的是常氏黑山蛋产自下白垩统沙海组含煤段可采煤层中，而其他所有的长形蛋类化石却都是在红色粉砂岩或砂砾岩中发现的，说明窃蛋龙类不仅在河、湖岸上筑巢产卵，也可能在植被十分丰富的地方筑巢产卵，这种埋藏特征为探讨窃蛋龙类在产卵时对筑巢地点的选择及筑巢地点生态环境的多样性提供了可靠依据。

副长形蛋属 Oogenus *Paraelongatoolithus* Wang, Wang, Zhao et Jiang, 2010

模式蛋种　*Paraelongatoolithus reticulatus* Wang , Wang, Zhao et Jiang, 2010

鉴别特征　蛋长形，长径约 170 mm，赤道直径约 72 mm，形状指数约为 42。蛋壳外表面具网纹纹饰。蛋壳较薄，厚度 0.50–0.80 mm。锥体层厚度 0.15–0.18 mm，锥体发达，有明显的放射状结构及锥体间隙。锥体弦切面近圆形或椭圆形，直径 0.15–0.20 mm，单位面积的锥体数为 44–50 个 /mm^2。柱状层中壳单元之间的界线在偏光镜下清楚可见，生长纹略呈波浪形。柱状层厚度与锥体层厚度之比大约为 2 : 1。弦切面上气孔不规则或呈近圆形。

中国已知蛋种　仅模式蛋种。

分布与时代　浙江，晚白垩世早期（Cenomanian-Turonian）；美国蒙大拿，早白垩世。

网纹副长形蛋 *Paraelongatoolithus reticulatus* Wang, Wang, Zhao et Jiang, 2010

（图 22）

正模　IVPP V 16514，1 枚大约保存一半的蛋化石。

模式产地　浙江天台城关镇。

归入标本　AMNH 3015，与部分平衡恐爪龙（*Deinonychus antirrhopus*）骨骼保存在一起的 1 枚被压扁的蛋及一些蛋壳碎片。

鉴别特征　同蛋属。

产地与层位　浙江天台城关镇，上白垩统赤城山组一段（IVPP V 16514）；美国蒙大拿州 Big Horn County, Crow Indian reservation，下白垩统 Cloverly 组中部（AMNH 3015）。

评注　Grellet-Tinner 和 Makovicky（2006）在分析 AMNH 3015 中恐爪龙骨骼和蛋壳

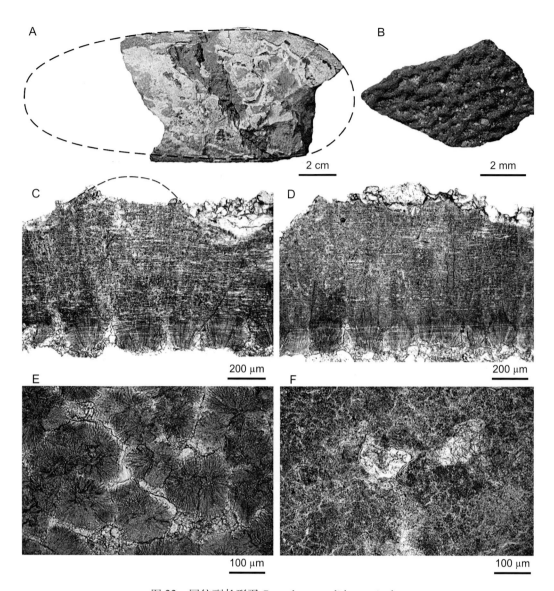

图 22　网纹副长形蛋 *Paraelongatoolithus reticulatus*

正模（IVPP V 16514）：A. 1 枚仅保存一半的蛋化石，虚线为蛋化石外形复原；B. 蛋壳外表面，示网状纹饰；C. 蛋壳径切面，示明显的锥体间隙，虚线为蛋壳外表面缺失部分的复原；D. 蛋壳径切面；E. 蛋壳锥体层弦切面，示锥体及锥体间隙；F. 蛋壳柱状层弦切面，示不规则形的气孔

的组织结构以及它们的埋藏情况后认为，这枚被压扁的蛋化石就是与之埋藏在一起的平衡恐爪龙所产，因此副长形蛋属也有可能就是恐爪龙类或相近属种的恐龙所产。

波纹蛋属 Oogenus *Undulatoolithus* Wang, Zhao, Wang, Li et Zou, 2013

模式蛋种　*Undulatoolithus pengi* Wang, Zhao, Wang, Li et Zou, 2013

鉴别特征　蛋长形，长径约 194 mm，赤道直径约 84 mm，形状指数约为 43.1。蛋壳外表面具瘤点状和脊状纹饰。蛋壳厚度约 0.78 mm（不含纹饰）到 1.46 mm（含纹饰），其中纹饰厚度较大，约占蛋壳厚度的一半。锥体层较薄，厚度为 0.15 mm，约占蛋壳厚度的 1/4 或 1/8（分别对应不含纹饰和含纹饰的蛋壳厚度），锥体发达，有明显的放射状结构及锥体间隙。柱状层中生长纹略呈波浪形。弦切面上气孔不规则或呈近圆形。

中国已知蛋种 仅模式蛋种。

分布与时代 江西，晚白垩世。

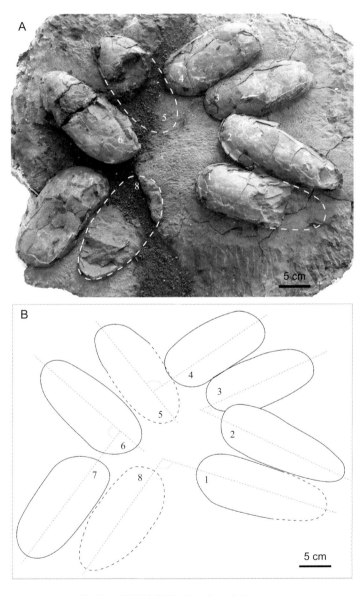

图 23　彭氏波纹蛋 *Undulatoolithus pengi*

正模（PXMV-0016）：A. 由 8 枚蛋化石组成的一窝长形蛋，图中虚线为蛋化石缺失的部分；B. 蛋窝线图，
示相邻蛋化石之间的夹角（45.5°–107°）

彭氏波纹蛋 *Undulatoolithus pengi* Wang, Zhao, Wang, Li et Zou, 2013

(图 23—图 25)

正模　PXMV-0016，由 8 枚蛋化石组成的一个蛋窝，其中 5 枚保存较为完整，3 枚破损的蛋化石（图 23）。

模式产地　江西萍乡长溪。

鉴别特征　同蛋属。

产地与层位　江西萍乡长溪，上白垩统周田组（PXMV-0016）。

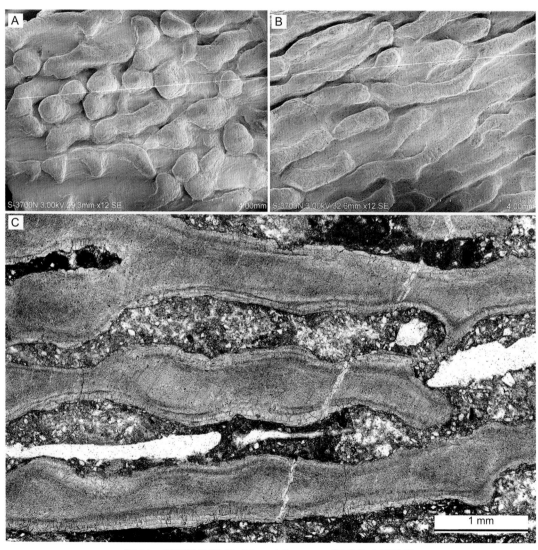

图 24　彭氏波纹蛋 *Undulatoolithus pengi* 蛋壳外表面纹饰

正模（PXMV-0016）：A. 不规则瘤点状纹饰（SEM）；B. 蛋化石中部的脊状纹饰（SEM）；C. 蛋壳近外表面弦切面，示脊状纹饰及其连接状态

图 25　彭氏波纹蛋 *Undulatoolithus pengi* 蛋壳显微结构

正模 (PXMV-0016)：A – C. 蛋壳径切面，A. 示锥体层与柱状层之间的连续过渡，柱状层上部波状生长纹及纹饰；
B. 示波状的纹饰；C. A 中框线部分，示紧密排列的锥状锥体；D, E. 蛋壳弦切面，D. 锥体层近柱状层处弦切面，
示紧密排列的锥体及锥体间隙；E. 柱状层中部弦切面，示圆形、椭圆形气孔

巨型长形蛋科 Oofamily Macroelongatoolithidae Wang et Zhou, 1995

模式蛋属 *Macroelongatoolithus* Li, Yin et Liu, 1995

概述 巨型长形蛋是目前世界上发现的最大的恐龙蛋化石，1993 年首次在河南西峡阳城赵营的晚白垩世地层中发现，李酉兴等（1995）认为这类蛋化石的形状和蛋壳组织结构特征与已知的长形蛋类基本相似。但由于这类蛋化石个体巨大，长径在 40 cm 以上，应为一新蛋属、蛋种，命名为西峡巨型长形蛋（*Macroelongatoolithus xixiaensis*），并将其归入长形蛋科（Elongatoolithidae）。同年，王德有和周世全（1995）记述了在西峡阳城刘营发现的标本，认为这类蛋化石的形状、大小、蛋壳外表面纹饰及蛋壳显微结构等特征，均与已知的 Elongatoolithidae 的标本不同，应代表一新的蛋科、蛋属、蛋种，据此建立了巨型长形蛋科（Macroelongatoolithidae）及其模式蛋属、蛋种——西峡长圆柱蛋（*Longiteresoolithus xixiaensis*）。随后，在浙江天台盆地上白垩统赤城山组中也发现了巨型长形蛋类化石（方晓思等，2000；Jin et al., 2007）。由于巨型长形蛋类标本的宏观形态和蛋壳显微结构特征与 Elongatoolithidae 的非常相似，所以一般都被归入 Elongatoolithidae（李酉兴等，1995；方晓思等，1998，2000；Carpenter, 1999；Zelenitsky et al., 2000；Grellet-Tinner et al., 2006；Jin et al., 2007）。王强等（2010b）重新研究了天台盆地的巨型长形蛋类标本，发现这类蛋化石至少可分为两个蛋种。由于蛋体巨大，长径大于 40 cm，蛋化石成对出现并在蛋窝中呈环状排列，蛋窝直径近 3 m，这些特征明显区别于 Elongatoolithidae 的成员，因此认为将其另立为一新的蛋科是合理的。由于李酉兴等命名的 *Macroelongatoolithus xixiaensis* Li et al., 1995 发表的时间早于王德有和周世全命名的 *Longiteresoolithus xixiaensis* Wang et Zhou, 1995，后者的属名为晚出同物异名，应为无效名。根据 2000 年《国际动物命名法规》第四版（Ride et al., 2007）第 63 条之规定，"科级类群的名称基于模式属的载名模式之上"，也就是说，科名是模式属属名的词干加上后缀 -idae 构成。因此，王强等（2010b）建议保留王德有、周世全（1995）建立的巨型长形蛋科（Macroelongatoolithidae）。

鉴别特征 蛋化石长形，两端对称，长径大于 40 cm，形状指数为 32.5–36.8；蛋壳外表面具有瘤点状或脊状纹饰；蛋壳由锥体层与柱状层组成，柱状层中生长纹与蛋壳外表面平行，呈波浪形。蛋化石在蛋窝中大致两枚并列为一组，呈单层环形排列，蛋窝直径近 3 m。

中国已知蛋属 *Macroelongatoolithus* 和 *Megafusoolithus*，共 2 蛋属。

分布与时代 目前世界上有正式记录的巨型长形蛋科有 2 蛋属 3 蛋种，其中在中国有 2 蛋属 2 蛋种——*Macroelongatoolithus xixiaensis* 和 *Megafusoolithus qiaoxiaensis*，时代为晚白垩世早期（王强等，2010b）；在美国有 *Macroelongatoolithus carlylei*，时代为早白垩世（Zelenitsky et al., 2000）。最近，在韩国全罗南道新安郡押海岛白垩纪地层中发现的、由 19 枚长形的蛋化石组成的一窝蛋（Kim et al., 2011）也应属于巨型长形蛋科的成员。

评注

1. 保存最完整的巨型长形蛋类化石主要在中国河南西峡境内发现，据初步观察，已出土的这类蛋化石，仅通过比较蛋壳外表面纹饰特征，就至少可分为 3–4 个类型。例如李酉兴等（1995）在建立 *Macroelongatoolithus xixiaensis* 时，指定了 6 枚蛋化石（WIT HXW 9301-1, 2, HXW 9302-3, 4, HXW 9303-5, 6）为正模。据我们初步观察，根据蛋壳外表面纹饰特征，至少可以分为两个类型，其中一个与 *Macroelongatoolithus xixiaensis* 的描述特征相同，另一个需要进一步研究后才能确定其所属的蛋属、蛋种；王德有和周世全（1995）记述的西峡长圆柱蛋（*Longiteresoolithus xixiaensis*）也包含有两个不同蛋种的标本（王德有、周世全，1995，图版 1，图 1–3；图版 2，图 1, 2），其中一个已被修订为 *Macroelongatoolithus xixiaensis*，另一个被订正为 *Megafusoolithus qiaoxiaenesis*（见本志书 47 页）。目前有关这类蛋化石的研究成果不多，有待今后进一步的工作。

2. 巨型长形蛋类的形状和蛋壳显微结构特征与长形蛋科的非常相似，但蛋体巨大，因此很有可能是某一类大型兽脚类恐龙所产。在这类蛋化石中现已发现了胚胎骨骼化石，并被非法出售到美国（Currie, 1996, p. 105）。钱迈平等（2008）认为它们属于暴龙类（tyrannosaur）的蛋，但没有提供任何可靠的依据；Carpenter（1999）则认为胚胎骨骼化石是一类未命名的大型窃蛋龙类的。因为没有正式的研究报告发表，所以巨型长形蛋类是哪一类兽脚类恐龙的蛋，至今仍不清楚。

巨型长形蛋属 Oogenus *Macroelongatoolithus* Li, Yin et Liu, 1995

模式蛋种　*Macroelongatoolithus xixiaensis* Li, Yin et Liu, 1995

鉴别特征　蛋化石长形，两端对称，长径 41–45 cm，赤道直径 15–17 cm，形状指数平均值为 36.8；蛋化石两枚一组，在蛋窝中呈单层圆环形排列；蛋壳外表面具明显的瘤点状纹饰。蛋壳锥体层与柱状层之间界线明显，呈波浪形，锥体层与柱状层厚度之比 1∶5–1∶2。柱状层生长纹发育，在近蛋壳外表面处随外表面纹饰起伏而波动。在蛋壳柱状层弦切面上，气孔呈圆形或椭圆形，分布不均匀，孔径为 0.08–0.40 mm。

中国已知蛋种　仅模式蛋种。

分布与时代　河南、浙江，晚白垩世早期。

评注

1. Jensen（1970）记述的美国犹他州早白垩世地层中发现的蛋壳化石，被命名为 *Oolithes carlylensis*。赵资奎（1975）认为 *Oolithes carlylensis* 蛋壳显微结构特征与在我国广东省南雄盆地发现的 *Macroolithus yaotunensis* 比较相似，只是蛋壳较厚，平均为 2.70 mm，时代也比较早，

建议将其修订为 *Macroolithus carlyei*。Zelenitsky 等（2000）重新研究了 Jensen 记述的犹他州的这些恐龙蛋壳化石，认为其显微结构特征与我国发现的 *Macroelongatoolithus* 相似，将其修订为 *Macroelongatoolithus carlylei*。但是，由于没有发现完整的蛋化石，并且这些标本发现于多个地点，具有多种蛋壳外表面纹饰和蛋壳显微结构特征，所以不排除属于多种蛋化石类型的可能（Jin et al., 2007）。

2. Kim 等（2011）报道在韩国全罗南道新安郡押海岛白垩纪地层中采集的、由 19 枚形状为长形的蛋化石组成的一窝蛋。蛋的长径平均为 411.6 mm，赤道直径平均为 155.8 mm；蛋化石在蛋窝中基本上是成对的作圆形放射状排列，蛋窝最大直径 2.3 m；蛋壳的显微结构特征与 *Macroelongatoolithus* 的很相似，应属 *Macroelongatoolithus* 的成员。

西峡巨型长形蛋 *Macroelongatoolithus xixiaensis* Li, Yin et Liu, 1995

（图 26，图 27）

Longiteresoolithus xixiaensis：王德有、周世全，1995，262 页，图版 1，图 1，2；周世全等，
　　　　1999，298 页；王德有等，2000，17 页；Zhao, 2000, p.119, fig. 6；周世全等，2001a，98 页；
　　　　周世全等，2001b，364 页；周世全、冯祖杰，2002，69 页；王德有等，2008，50 页，图 4-7, 4-8
Macroelongatoolithus zhangi：方晓思等，2000，108 页，图版 I，图 1–5；方晓思等，2003，517 页，
　　　　图版 I，图 1，3；钱迈平等，2007，82 页；钱迈平等，2008，249 页；方晓思等，2009b，526 页，
　　　　图 2b

选模　WIT HXW 9301-1 和 HXW 9301-2，2 枚并排保存在一起的比较完整的蛋化石。

模式产地　河南西峡阳城赵营。

归入标本　HNGM XX-003，2 枚保存比较完整的蛋化石；ZMNH M8704，2 枚近完整的蛋化石；LACM 7477/151450，1 枚不完整蛋化石；TTM 15，2 枚保存比较完整和 2 枚端部破损的蛋化石组成的一不完整蛋窝。

鉴别特征　同蛋属。

产地与层位　河南西峡阳城赵营（WIT HXW 9301-1，HXW 9301-2），上白垩统赵营组；河南西峡阳城刘营（HNGM XX-003），三里庙东北 10 km（LACM 7477/151450），上白垩统走马岗组；浙江天台（ZMNH M8704，TTM 15），上白垩统赤城山组。

评注

1. 李酉兴等（1995）在建立西峡巨型长形蛋（*Macroelongatoolithus xixiaensis*）时，指定了 6 枚蛋化石（WIT HXW 9301-1, 2, HXW 9302-3, 4, HXW 9303-5, 6）作为群模标本。据我们初步观察，根据蛋壳外表面纹饰特征，至少可以分为两个类型。

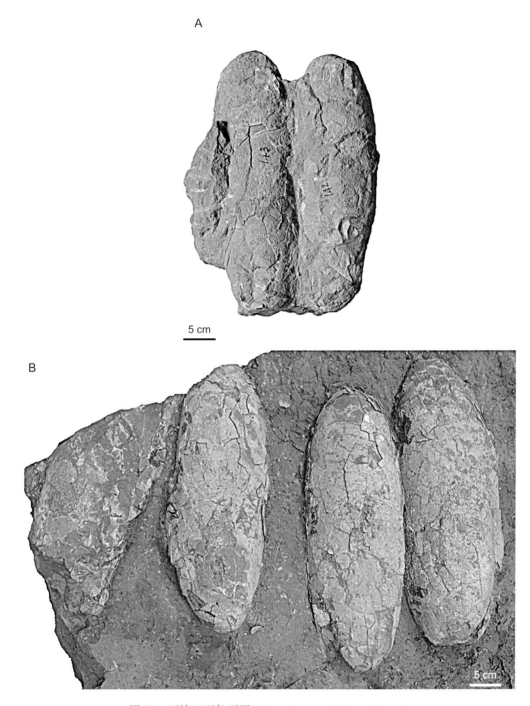

图 26　西峡巨型长形蛋 *Macroelongatoolithus xixiaensis*
A. 选模，两枚蛋化石（WIT HXW 9301-1, 2）；B. 归入标本（TTM 15）

因此，我们把与 *Macroelongatoolithus xixiaensis* 蛋壳特征的描述一致的 2 枚蛋化石
（HXW9301-1, 2）指定为这一蛋种的正模，其余的需要进一步研究后才能确定其所属
的蛋属、蛋种。

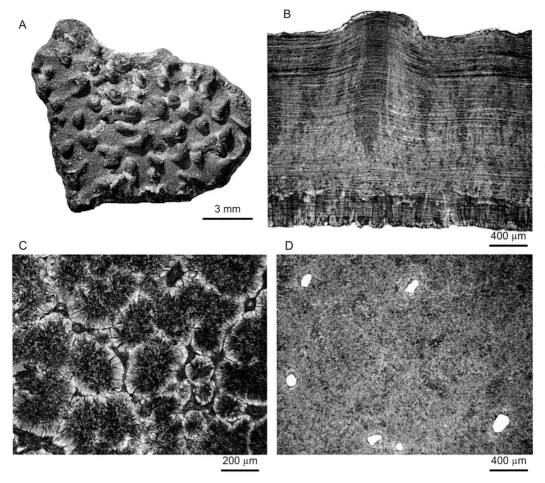

图 27　西峡巨型长形蛋 *Macroelongatoolithus xixiaensis* 蛋壳外表面纹饰和蛋壳显微结构
归入标本（TTM15）：A. 蛋壳外表面，示小瘤状纹饰；B. 蛋壳径切面；C. 蛋壳锥体层弦切面，示大小
不一的锥体；D. 蛋壳柱状层弦切面，示圆形和近椭圆形气孔

2. 王德有和周世全（1995）在命名西峡长圆柱蛋（*Longiteresoolithus xixiaensis*）时，指定 2 枚保存较好的蛋化石（野外编号 XX-003，现存放于 HNGM）作为正型标本。根据这 2 枚蛋化石的形状、大小、蛋壳外表面纹饰以及蛋壳显微结构特征，已将其修订为 *Macroelongatoolithus xixiaensis*（王强等，2010b），因此也应将这 2 枚蛋化石（HNGM XX-003）作为 *Macroelongatoolithus xixiaensis* 的归入标本。

3. 方晓思等（2000，108 页，图版 I，图 1–5）记述的浙江天台盆地上白垩统赤城山组发现的新蛋种——张氏巨型长形蛋（*Macroelongatoolithus zhangi*）的长径为 24 cm，赤道直径为 15 cm，但是后来描述这个蛋种的长径，则为 30–40 cm（见方晓思等，2009b，526 页，图 2b）。长形蛋类的特征之一是蛋的形状为长形，形状指数 ≤ 50（杨钟健，1965；赵资奎，1975）。可以看出，如果根据前者的数值计算，其形状指数为 62.5，蛋的形状应为椭圆形，可以肯定不属于长形蛋类；后者的数据也不准确，现已查明该文提供的 4 枚蛋化石照片（图 2b）对应的标本编号为 TTM 15，收藏于浙江天台博物馆中，根据我们的观察和测量，这 4 枚蛋化石的长径为 41–45 cm，赤道直径为 15–17 cm，形状指数为 33.3–39，蛋壳显微结构特征也与西峡巨型长形蛋的相同，可以确认张氏巨型长形蛋是西峡巨型长形蛋的同物异名（王强等，2010b）。因此，应将这 4 枚蛋化石（TTM 15）作为西峡巨型长形蛋的归入标本。还要指出的是方晓思等（2003）文章中的图版（519 页，图版 I，图 1）展示的属于张氏巨型长形蛋的 4 枚残破蛋化石（没有注明标本编号和标本收藏单位）并非 2000 年报道的标本，蛋壳径切面显微结构的照片也并非长形蛋类（519 页，图版 I，图 2），而是副圆形蛋类（*Paraspheroolithus*）的蛋壳组织结构，只有图 3 与最初描述的蛋壳组织结构特征相似（见方晓思等，2000，图版 I，图 2, 3）。

巨型纺锤蛋属 Oogenus *Megafusoolithus* Wang, Zhao, Wang, Jiang et Zhang, 2010

模式蛋种　*Megafusoolithus qiaoxiaensis* Wang, Zhao, Wang, Jiang et Zhang, 2010

鉴别特征　蛋化石呈纺锤形，长径约为 40 cm，形状指数约为 32.5。蛋化石中部的蛋壳外表面具有棱脊状纹饰，端部的蛋壳外表面近光滑。蛋壳厚度为 1.45–1.60 mm，锥体层与柱状层界线不明显，二者厚度之比约为 1：3。柱状层生长纹发育，且平行于蛋壳外表面。在柱状层中部弦切面上，气孔呈圆形或椭圆形，分布不均匀，直径为 0.10–0.30 mm。

中国已知蛋种　仅模式蛋种。

分布与时代　浙江、河南，晚白垩世。

桥下巨型纺锤蛋 *Megafusoolithus qiaoxiaensis* Wang, Zhao, Wang, Jiang et Zhang, 2010

（图 28，图 29）

Longiteresoolithus xixiaensis：王德有、周世全，1995，262 页，图版 1，图 3；图版 2，图 1, 2

正模　IVPP V 16965，仅保存了一半的蛋化石。

模式产地　浙江天台桥下村。

归入标本　XXDEM，一窝约有 26 枚保存完整程度不同的蛋化石（没有编号）。

鉴别特征　同蛋属。

产地与层位　浙江天台桥下，上白垩统赤城山组一段；河南西峡阳城樊营，上白垩统赵营组。

评注　王德有和周世全（1995，图版 1，图 3；图版 2，图 1, 2）将河南南阳市文物研究所在河南西峡阳城樊营采集的一窝约有 26 枚蛋化石（没有编号，现存放于 XXDEM）作为西峡长圆柱蛋（*Longiteresoolithus xixiaensis*）——已修订为西峡巨型长形

图 28　桥下巨型纺锤蛋 *Megafusoolithus qiaoxiaensis*

正模（IVPP V 16965）：A. 保存一半的蛋化石，虚线为蛋化石外形复原；B. 蛋壳外表面棱脊状纹饰（A 中白框内部分放大）；C. 蛋壳径切面；D. 蛋壳柱状层弦切面，示气孔形状；E. 蛋壳锥体层弦切面，示圆形或椭圆形的锥体和大小不一的气孔

蛋（王德有等，2008）的归入标本。根据我们对这窝蛋化石的研究，发现其蛋壳外表面纹饰和蛋壳显微结构等特征与桥下巨型纺锤蛋（*Megafusoolithus qiaoxiaenesis*）的相一致，应将其作为这一蛋种的归入标本。

图 29　桥下巨型纺锤蛋 *Megafusoolithus qiaoxiaensis* 归入标本（XXDEM，无编号）
A. 由 26 枚保存不完整的蛋化石组成的一个蛋窝；B. 蛋壳外表面；C. 蛋壳径切面

棱柱形蛋科 Oofamily Prismatoolithidae Hirsch, 1994

模式蛋属　*Prismatoolithus* Zhao et Li, 1993

概述　棱柱形蛋类化石是 1979 年首次在美国蒙大拿州西部上白垩统的 Two Medicine 组中发现的，这些蛋化石都是垂直或稍微倾斜地竖立在蛋窝中（Horner et Makela, 1979）。根据在这些蛋内所含的胚胎骨化石，认为是属于一种小型鸟脚类恐龙——棱齿龙类（hypsilophodontids）的，命名为 *Orodromeus makelai*（Horner et Weishampel, 1988）。稍后，

Hirsch 和 Quinn（1990）进一步研究了这些蛋壳的显微结构，发现其主要特征是壳单元呈棱柱形、细长，排列紧密，与今颚鸟类的蛋壳组织结构模式相似。此后，一般都将那些具有棱柱状结构特征的蛋化石视为"棱齿龙蛋"。然而，该标本在进一步修理后，Horner 和 Weishampel（1996）认为最初将这些胚胎骨骼化石鉴定为棱齿龙类的 *Orodromeus makelai* 是错误的，这些胚胎骨化石应属于一种小型兽脚类恐龙——伤齿龙（*Troodon* cf. *T. formosus*）。

赵资奎和李荣（1993）记述了在我国内蒙古自治区乌拉特后旗巴音满都呼发现的一窝较为完整的蛋化石，认为这些蛋化石在蛋窝中的排列方式及蛋壳的结构特征与上述美国蒙大拿州发现的标本非常相似，命名为戈壁棱柱形蛋（*Prismatoolithus gebiensis*），但是"蛋科名"未定。

1994 年，Hirsch 采用赵资奎提出的恐龙蛋化石的分类和命名方法，记述了在美国科罗拉多州西部上侏罗统 Morrison 组发现的蛋化石标本，将其命名为 *Prismatoolithus coloradensis*，并建立了棱柱形蛋科（Prismatoolithidae）。随后 Zelenitsky 和 Hills（1996）将其订正为 *Preprismatoolithus coloradensis*。

鉴别特征 蛋化石长形，一端略钝，另一端略尖。蛋化石在蛋窝中长轴近垂直或稍微倾斜的排列在蛋窝中，蛋的尖端朝下。蛋壳外表面光滑或有细弱的纹饰，蛋壳较薄，厚度约为 0.30–1.40 mm，由纤细的棱柱状壳单元紧密排列组成。

中国已知蛋属 *Prismatoolithus*。

分布与时代 目前世界上有正式记录的棱柱形蛋科有 3 个蛋属 11 个蛋种，其中时代为晚侏罗世的有美国的 *Preprismatoolithus coloradensis*（Hirsch, 1994a; Zelenitsky et Hills, 1996）；属于晚白垩世的，在中国有 *Prismatoolithus* 1 蛋属 4 蛋种；蒙古有 *Protoceratopsidovum* 1 蛋属 3 蛋种（Mikhailov, 1994a）；法国有 *Prismatoolithus tenuius* 和 *Prismatoolithus matellensis*（Vianey-Liaud et Crochet, 1993）；此外，还有美国蒙大拿州上白垩统 Two Medicine 组（Hirsch et Quinn, 1990）和加拿大艾伯塔上白垩统 Oldman 组的 *Prismatoolithus levis*（Zelenitsky et Hills, 1996; Zelenitsky et al., 2002）。

棱柱形蛋属 Oogenus *Prismatoolithus* Zhao et Li, 1993

模式蛋种 *Prismatoolithus gebiensis* Zhao et Li，1993

鉴别特征 蛋化石长形，长径约为 90–140 mm，赤道直径约为 45–65 mm，形状指数为 42–48。蛋壳薄，厚度约为 0.40–1.20 mm，外表面光滑，锥体层约占蛋壳厚度的 1/7。气孔道为细管状，大体垂直蛋壳内外表面。

中国已知蛋种 目前我国共计发现 4 个蛋种：*Prismatoolithus gebiensis, P. hukouensis, P. tiantaiensis, P. heyuanensis*?。

分布与时代 内蒙古、河南、浙江、广东，晚白垩世。

戈壁棱柱形蛋 *Prismatoolithus gebiensis* Zhao et Li, 1993

(图 30，图 33A)

Elongatoolithus chimeiensis：方晓思等，2007b，138 页，图 13；王德有等，2008，37 页；方晓思等，2009b，530 页

正模 IMM NMB 4102-4108，一窝 7 枚完整程度不同的蛋化石。

副模 IMM 野外编号 9201，1 枚完整的蛋化石。

模式产地 内蒙古巴彦淖尔盟乌拉特后旗巴音满都呼。

归入标本 GMC 060525-2，蛋壳径切面镜检薄片，是从一窝 16 枚蛋化石中取样的，但原文（方晓思等，2007b）未注明这窝蛋化石的标本编号及其收藏单位。

鉴别特征 蛋化石长形，一端钝，一端尖。长径为 120 mm，在距蛋化石钝端 40–70 mm 处的赤道直径为 50 mm，形状指数为 42。蛋壳外表面光滑，厚度为 0.70–0.90 mm，锥体层约占蛋壳厚度的 1/7，柱状层下部近锥体层处生长纹清楚可见，上部不明显（图 30C、图 33A）。气孔集中于蛋化石钝端至中部，在蛋壳外表面的开口略呈圆形，直径约 0.05 mm。

产地与层位 内蒙古巴彦淖尔盟乌拉特后旗巴音满都呼公路口南侧 150 m（IMM NMB 4102-4108）及公路北侧 4 km（IMM 野外编号 9201），上白垩统乌兰苏海组；河南西峡赵营与内乡赤眉交界附近（GMC 060525-2），上白垩统赵营组。

评注

1. 赵资奎、李荣（1993）在记述我国内蒙古自治区乌拉特后旗巴音满都呼发现的戈壁棱柱形蛋时，由于该含蛋化石地层尚未做明确的地层划分，根据与北美发现的棱柱形蛋类的地质时代（Campanian）进行对比，认为巴音满都呼含戈壁棱柱形蛋的地层与蒙古南戈壁上白垩统牙道赫塔组相当。1996 年出版的《内蒙古自治区岩石地层》将巴音满都呼含恐龙蛋化石的这套地层明确为上白垩统乌兰苏海组。

2. 王德有、周世全（1995）记述的河南西峡和内乡发现的蛋化石标本（见该文 263 页，图版 2，图 3–6，但未注明标本编号及收藏单位），作者只是根据蛋化石的形状和蛋在蛋窝中排列形式，将其鉴定为 *Prismatoolithus gebiensis*。由于没有提供蛋壳显微结构特征的描述和相关的图片，因此不能肯定该标本是否属于 *Prismatoolithus gebiensis*。

3. 方晓思等（2007b，138，139 页，图 13a, b）记述在河南西峡发现的一新蛋种——赤眉长形蛋（*Elongatoolithus chimeiensis*），从该文提供的一窝蛋化石（没有注明标本编号及其收藏单位）照片（图 13a）可以看出，这些蛋化石都是以近于直立的排列方式竖立在

图 30 戈壁棱柱形蛋 *Prismatoolithus gebiensis*

A. 正模，由 7 枚完整程度不同的蛋化石组成的一窝蛋，倒转面观（IMM NMB 4102-4108）；B. 副模，蛋化石 1 枚（IMM 野外编号 9201）；C. 蛋壳径切面；D. 蛋壳径切面（SEM）；E. 蛋壳近内表面弦切面

蛋窝中，应属于棱柱形蛋科的成员而不是长形蛋科长形蛋属的成员；而且从文中的描述及蛋壳径切面显微结构照片（图 13b）来看，蛋壳厚度为 0.70 mm，柱状层上部生长纹不明显，锥体层也很薄，约占蛋壳厚度的 1/7–1/5，与戈壁棱柱形蛋的一致。原文中称锥体层厚度占壳厚的一半是不准确的。此外，原文还认为蛋壳外表面的一层方解石覆盖层是 *Elongatoolithus chimeiensis* 的"明显的标志层"也是错误的。其实这层"方解石化的标志层"是在石化过程中，由于地下水的作用沉积在蛋壳表面的次生方解石，没有分类学上的意义。综上所述，"赤眉长形蛋"应为戈壁棱柱形蛋（*Prismatoolithus gebiensis*）的晚出同物异名。

湖口棱柱形蛋 *Prismatoolithus hukouensis* Zhao, 2000

（图 31，图 33B）

正模　NXM 9708，一窝 6 枚比较完整的蛋化石。

模式产地　广东南雄湖口。

鉴别特征　蛋化石长形，近垂直埋藏在蛋窝中，赤道直径约为 48 mm。蛋壳外表面光滑，厚度为 0.7–1.0 mm。与戈壁棱柱形蛋的主要区别在于柱状层中生长纹明显，由里向外均匀分布（图 31B、图 33B）。

产地与层位　广东南雄湖口（NXM 9708），上白垩统坪岭组。

天台棱柱形蛋 *Prismatoolithus tiantaiensis* (Fang et al., 2000) Wang, Zhao, Wang et Jiang, 2011

（图 32，图 33C）

Elongatoolithus tiantaiensis：方晓思等，2000，108 页，图版 I，图 6–8；方晓思等，2003，517 页，
　　图版 I，图 9，10；钱迈平等，2007，82 页；钱迈平等，2008，249 页；王德有等，2008，31 页；
　　方晓思等，2009b，533 页

Prismatoolithus oosp.：钱迈平等，2008，251 页，图 2–6

正模　GMC Zhe-7-4，蛋壳径切面镜检薄片 1 片，蛋壳样品取自 1 枚长形的蛋化石（未注明编号及收藏单位）。

模式产地　浙江天台桥下。

归入标本　IVPP V 16515.1-2，由 7 枚蛋化石组成的一不完整的蛋窝；TTM 1，9 枚蛋化石组成的一不完整的蛋窝；TTM 30，1 枚尖端部分缺失的蛋化石。

鉴别特征　蛋化石长形，一端略钝、一端略尖，近垂直竖立于蛋窝中。蛋壳外表面光滑，壳单元呈棱柱状，锥体层厚度约占蛋壳厚度的 1/7。蛋壳中部弦切面上单位面积内壳单元

图 31　湖口棱柱形蛋 *Prismatoolithus hukouensis*

正模（NXM 9708）：A. 模式标本，由 6 枚蛋化石组成的一个蛋窝，倒转面观；B. 蛋壳径切面，示均匀分布的生长纹；C. 蛋壳径切面（SEM），示棱柱状的壳单元；D. 蛋壳中部弦切面，单偏光，示紧密排列的不规则块状壳单元

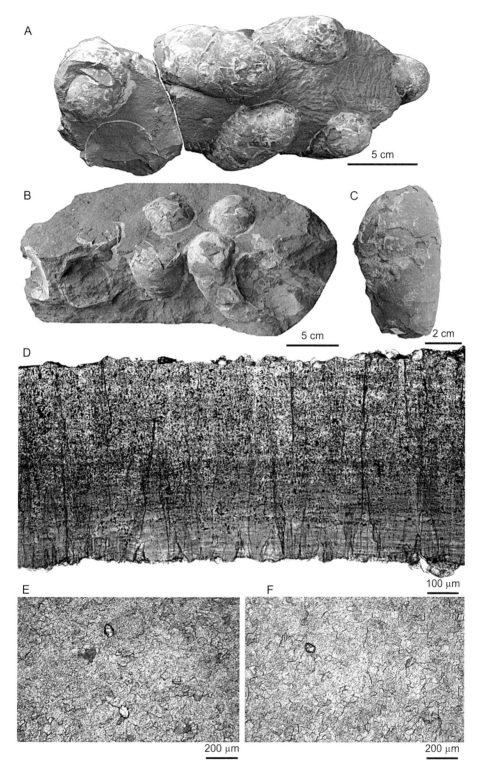

图 32　天台棱柱形蛋 *Prismatoolithus tiantaiensis*

A. 归入标本（IVPP V 16515.1-2），示 7 枚倾斜排列的蛋化石；B. 归入标本（TTM 1），示 9 枚倾斜排列的
蛋化石，侧面观；C. 归入标本（TTM 30）；D. 蛋壳径切面（IVPP V 16515.1）；E. 蛋壳近外表面弦切面（IVPP
V 16515.1）；F. 蛋壳近内表面弦切面（IVPP V 16515.1）

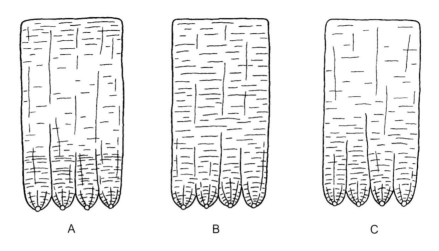

图 33　棱柱形蛋类蛋壳径切面显微结构素描图

A. 戈壁棱柱形蛋，锥体层生长纹发育且排列紧密，蛋壳中部生长纹稀疏，近蛋壳外表面生长纹较发育；
B. 湖口棱柱形蛋，示分布较为均匀的生长纹；C. 天台棱柱形蛋，示锥体层发育的生长纹，向蛋壳外表面
生长纹逐渐稀疏

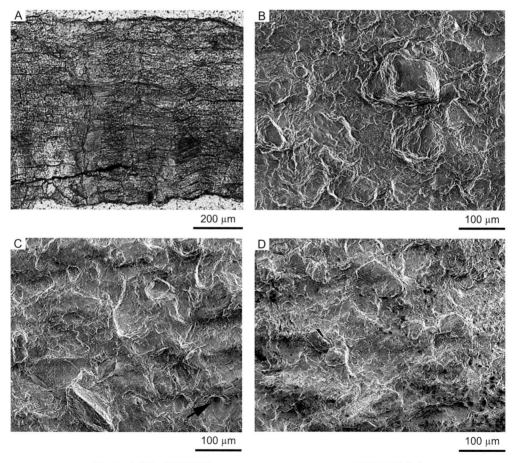

图 34　河源? 棱柱形蛋 *Prismatoolithus heyuanensis*? 蛋壳显微结构

（HYDM V-20）（SEM）：A. 蛋壳径切面；B, C. 蛋壳外表面，C 中箭头所示为气孔；D. 蛋壳内表面

数量为 350–400 个 /mm²。气孔较少，气孔道细而直，孔径为 0.05–0.07 mm。区别于棱柱形蛋属其他蛋种的特征包括：蛋化石个体较小，长径 97 mm，赤道直径约为 46 mm，形状指数为 48；蛋壳厚度较薄，为 0.40–0.60 mm；锥体层中有明显的生长纹，柱状层由内而外生长纹逐渐变得不明显（图 32D、图 33C）。

图 35　河源？棱柱形蛋 *Prismatoolithus heyuanensis*？
正模（HYDM V-20）：A. 由 3 枚蛋化石组成的一不完整蛋窝；B. 蛋壳径切面；C. 蛋壳弦切面

产地与层位　浙江天台桥下（GMC Zhe-7-4, IVPP V 16515.1-2）、酒厂（TTM 1, TTM 30）、赤城中学操场，上白垩统赤城山组一段。

评注

1. 方晓思等（2000）记述的天台长形蛋（*Elongatoolithus tiantaiensis*），其蛋壳外表面近光滑，壳单元棱柱状，排列紧密，是棱柱形蛋类的典型结构特征，因此应归入棱柱形蛋科，并将其修订为 *Prismatoolithus tiantaiensis*（王强等，2011）。

2. 钱迈平等（2008）记述的保存于浙江省天台县国土资源局的棱柱形蛋未定种 *Prismatoolithus* oosp.，其蛋化石的大小（长径 90 mm，赤道直径约为 40 mm）与天台棱柱形蛋较为接近，其蛋壳径切面显微结构特征，如柱状层中生长纹由内而外逐渐模糊，也与 *Prismatoolithus tiantaiensis* 的相似，应为同一蛋种。

河源？棱柱形蛋 *Prismatoolithus heyuanensis*? Lü, Azuma, Huang, Noda et Qiu, 2006
（图 34，图 35）

正模　HYDM V-20，3 枚蛋化石组成的一不完整蛋窝。

模式产地　广东河源风光村。

鉴别特征　蛋化石长径约为 115 mm，赤道直径约为 48.60 mm，形状指数 42。蛋壳外表面无明显纹饰，但有小的凹坑。蛋壳厚度约为 0.60 mm，锥体层与柱状层界线可见，二者厚度之比为 1 : 3.3，生长纹不明显。蛋壳内表面有大量小孔。

产地与层位　广东省河源市风光村，上白垩统东源组。

评注　Lü 等（2006）记述的新蛋种 *Prismatoolithus heyuanensis*，其蛋壳的内、外表面都有部分缺失，而且可能由于受成岩作用的影响，在柱状层中的柱体有的还显现出"鱼骨型"的结构特征（图 34A、图 35B），因此目前还不能完全确定这些蛋化石标本是否代表一独立的蛋种。

大圆蛋科 Oofamily Megaloolithidae Zhao, 1979

模式蛋属　*Megaloolithus* Vianey-Liaud, Mallan, Buscail et Montgelard, 1994

概述　大圆蛋类化石于 1859 年首次由 Pouech 在法国西南部比利牛斯山脉丘陵地带的白垩纪地层中发现。随后，Matheron 于 1869 年在法国南部 Provence 发现了比较完整的大圆蛋类化石。1877 年 Gervais 认为这些蛋壳化石的显微结构与龟类的比较相似，可能是一类未知属、种的大型爬行动物产的。Roule（1885）根据在这一地区发现的恐龙骨化石，认为它可能是 *Hypselosaurus* 或 *Rhabdodon* 的蛋，但是这一鉴定一直到了 20 世纪 30 年代，美国的"中亚考察团"在蒙古发现了"原角龙蛋"化石后才被接受（Buffetaut et Le Loeuff, 1994）。

大圆蛋类化石是迄今在世界上分布最广，并受到广泛研究的一个类群。Dughi 和 Sirugue（1958, 1976）认为法国南部发现的恐龙蛋化石至少可分为 9 个类型。Erben（1970）根据壳单元的超微结构特征，将大圆蛋类蛋壳分为两个类型（A 型和 C 型恐龙蛋壳）。稍后，Erben 等（1979）又根据 Sochava（1969）提出的"蛋壳结构分类方法"，将其命名为管状气孔道蛋壳类型（tubocanaliculate type）。Williams 等（1984）根据蛋壳显微结构特征和蛋壳厚度将法国南部发现的这类蛋化石分为 4 个类型，即 1- 型、2- 型、3- 型和 4- 型恐龙蛋壳，然而 Penner（1985）则认为有 3 个类型。

赵资奎（1979a）根据在 1970 年以前发表的有关法国发现的这一蛋化石类群的研究资料，以及他提出的恐龙蛋化石的分类和命名方法，认为这一蛋化石类群应为一新的蛋科，命名为大圆蛋科（Megaloolithidae），但没有进一步建立其所属的蛋属、蛋种。Vianey-Liaud 等（1994）采用赵资奎（1975, 1979a）提出的恐龙蛋化石分类和命名方法进一步研究法国南部的恐龙蛋化石，建立了 *Megaloolithus*、*Cairanoolithus* 和 *Dughioolithus* 3 个蛋属，并指定 *Megaloolithus* 作为这一蛋科的模式蛋属。

鉴别特征　蛋化石为圆形或近圆形，直径 10–25 cm，蛋壳外表面具密集瘤状纹饰。壳单元呈圆锥体形，其形状、大小和排列形式是这一类群分类的主要鉴别特征（图 36）。蛋在蛋窝中排列不规则。

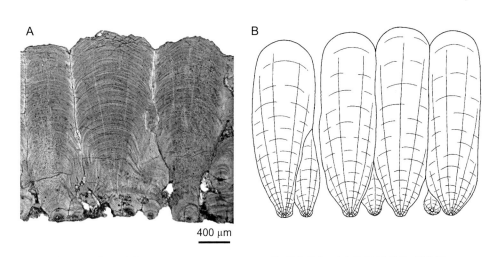

图 36　大圆蛋类 *Megaloolithus mammilare* 的蛋壳径切面及其显微结构素描图

中国已知蛋属　只发现一蛋属 *Stromatoolithus*。

分布与时代　大圆蛋类化石在世界上分布最广。目前有正式记录的大圆蛋科有 6 蛋属 31 蛋种，其中在法国南部和西班牙共有 *Megaloolithus*、*Cairanoolithus* 和 *Dughioolithus* 3 蛋属 7 蛋种，时代为晚白垩世 Campanian-Maastrichtian（Vianey-Liaud et al., 1994），在摩洛哥有 *Pseudomegaloolithus atlasi*（Vianey-Liaud et García, 2003；Chassagne-Manoukian et al., 2013），在中国有 *Stromatoolithus pinglingensis*，时代为晚白垩世 Maastrichtian，

在印度有 *Megaloolithus* 1 蛋属 15 蛋种（Khosla et Sahni, 1995; Mohabey, 1998），在阿根廷有 *Megaloolithus* 和 *Patagoolithus* 2 蛋属 7 蛋种（Calvo et al., 1997; Simón, 2006; Fernández, 2013），时代为晚白垩世。此外，在欧洲的葡萄牙和罗马尼亚，南美洲的秘鲁、乌拉圭和巴西等国也发现类似于大圆蛋科的蛋化石（Carpenter, 1999）。

评注　赵资奎（1979a）在讨论恐龙蛋化石分类时，只是根据当时已发表的研究资料，提议将法国南部发现的恐龙蛋另立为一蛋科——大圆蛋科（Megaloolithidae）。由于手中没有这一蛋化石类群的标本可供研究，所以没有按照《国际动物命名法规》之规定必须包括 1 个模式蛋属、蛋种的指定。为了修正这一错误，Vianey-Liaud 等（1994）指定 *Megaloolithus mammilare* 作为这一蛋科的模式蛋属、蛋种。

叠层蛋属 Oogenus *Stromatoolithus* Zhao, Ye, Li, Zhao et Yan, 1991

模式蛋种　*Stromatoolithus pinglingensis* Zhao, Ye, Li, Zhao et Yan, 1991

鉴别特征　蛋壳外表面具不规则的弯曲棱纹和不很明显的瘤状纹饰。蛋壳厚度为 1.30–1.60 mm。壳单元为圆锥形，一般 2–4 个相互连接一起，在偏光镜下可见垂直于蛋壳内外表面的，呈规则长条状的棱柱体。锥体不发达，在弦切面上为近圆形，径切面上仅在近内表面处见到放射状结构。生长线明显，由内向外均匀分布，近内表面处较平直，近外表面处略呈波浪形，与外表面的起伏一致。壳单元之间常见贯通整个蛋壳的气孔道，弦切面上气孔近圆形或为长条形，偶尔可见其中充填着次生壳单元。

中国已知蛋种　仅模式蛋种。

分布与时代　广东、陕西，晚白垩世晚期。

坪岭叠层蛋 *Stromatoolithus pinglingensis* Zhao, Ye, Li, Zhao et Yan, 1991
（图 37）

Paraspheroolithus lamelliformae：薛祥煦等，1996，89 页，图版 IX，图 2；王德有等，2008，32 页

正模　IVPP RV91001（野外编号 CGD 063），碎蛋壳若干。

模式产地　广东南雄大塘坪岭。

归入标本　IVPP V18542（野外编号 CGD 45），IVPP V18542（野外编号 CGD 101），碎蛋壳；NWU KSD27-3, KS28-2, KS22-3, KS25-2, KS59, KS60-2 等的蛋壳径切面镜检薄片和若干碎蛋壳。

鉴别特征　同蛋属。

产地与层位　广东南雄大塘坪岭（IVPP RV91001, V18542, V18543），上白垩统坪

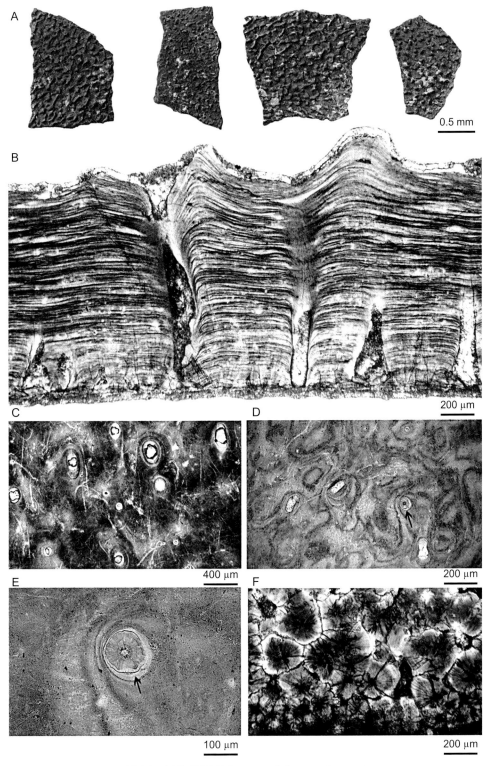

图 37 坪岭叠层蛋 *Stromatoolithus pinglingensis*

A. 正模（IVPP RV91001）；B. 蛋壳径切面（IVPP V18542）；C. 蛋壳近外表面弦切面（IVPP V18542）；
D. 蛋壳中部弦切面（IVPP V18542），箭头示气孔中发育的次生壳单元；E. D 中所示次生壳单元局部放
大（IVPP V18543）；F. 蛋壳锥体层弦切面（IVPP V18542）

岭组；陕西山阳过风楼张家沟东坡和鹃岭沟槽园子西坡（NWU KSD27-3, KS28-2, KS22-3, KS25-2, KS59, KS60-2），上白垩统山阳组。

评注

1. 赵资奎等（1991）记述的 *Stromatoolithus pinglingensis*，由于没有发现完整的蛋化石材料，可供研究的仅是一些蛋壳碎片，因此蛋的形状及其大小均无法知道。根据蛋壳的显微结构特征，认为应代表一新的蛋属、蛋种，"蛋科名"未定。后来，发现 *Stromatoolithus pinglingensis* 蛋壳壳单元的形状及排列形式与 Vianey-Liaud 等（1994）记述法国南部发现的属于大圆蛋科的新成员 *Cairanoolithus dughii* 和 *Dughioolithus roussetensis* 两个蛋种都很相似，可以把 *Stromatoolithus pinglingensis* 归入大圆蛋科（Zhao et al., 1999a），这是我国发现大圆蛋类化石的首次记录。

2. 张秋南和薛祥煦根据在陕西秦岭东段山阳盆地上白垩统山阳组采集的一些碎蛋壳标本建立一新蛋种——细层状副圆形蛋（*Paraspheroolithus lamelliformae* Zhang et Xue, 1996），其"壳表布满纤细的不规则的弯曲短条纹，呈杂乱细网状，网眼中偶夹细瘤点，或在破网间隙中有细瘤点"（见薛祥煦等，1996，89, 90 页，图版 IX，图 2）。这一段描述与坪岭叠层蛋的外表面特征完全一致，副圆形蛋属外表面则没有网状的纹饰；此外，副圆形蛋属的蛋壳径切面也没有均匀而细密的生长纹，锥体的形状以及在正交偏光镜下显示的垂直蛋壳内外表面的细长棱柱体也都是坪岭叠层蛋的特征，我们认为二者应为同一蛋种，细层状副圆形蛋为坪岭叠层蛋的晚出同物异名。

圆形蛋科 Oofamily Spheroolithidae Zhao, 1979

模式蛋属 *Spheroolithus* Zhao, 1979

概述　1923 年，美国"中亚考察团"在中国内蒙古二连浩特附近的达巴苏层中发现很多破碎蛋壳化石（Andrews, 1932），其中有的是成堆发现。经过复原，证明这些蛋壳碎片原来的形状为圆形或近于圆形，因而以为是鸵鸟的蛋。van Straelen（1925, 1928）描述了其中一些蛋壳的显微结构，认为这些圆形的蛋化石可能是鸭嘴龙类的蛋。1954 年，杨钟健在研究山东莱阳上白垩统王氏群的恐龙蛋化石时，将那些形状为圆形和椭圆形的蛋化石命名为圆形蛋（*Oolithes spheroides*），而且根据与其共生的恐龙骨化石，杨钟健也认为莱阳发现的这些圆形蛋应为鸭嘴龙类的蛋；与此同时，周明镇（1954）也进一步证明 *Oolithes spheroides* 蛋壳显微结构与 van Straelen（1925, 1928）描述的内蒙古二连浩特的标本非常相似。Sochava（1969, 1971）根据这些蛋壳的气孔道形态特征，将其命名为裂隙形气孔道类型（prolatocanaliculate type）。

赵资奎和蒋元凯（1974）采用显微镜技术系统研究了莱阳王氏群发现的所有 *Oolithes spheroides* 标本，根据蛋壳的显微结构特征，进一步将 *Oolithes spheroides* 分为将军顶圆形蛋（*Oolithes chiangchiungtingensis*）、二连圆形蛋（*Oolithes irenensis*）、金刚口圆形蛋（*Oolithes chinkangkouensis*）和薄皮圆形蛋（*Oolithes laminadermus*）。1979 年，赵资奎又根据他本人在 1975 年提出的恐龙蛋化石的分类和命名方法，对山东莱阳发现的圆形蛋类化石重新订正，建立一蛋科——圆形蛋科（Spheroolithidae），下分圆形蛋属（*Spheroolithus*）、副圆形蛋属（*Paraspheroolithus*）和椭圆形蛋属（*Ovaloolithus*）共 3 个蛋属；1991 年，又将南雄盆地发现的蛋化石建立的 1 个新蛋属、蛋种——艾氏始兴蛋（*Shixingoolithus erbeni*）也归并入 Spheroolithidae 中（赵资奎等，1991）。

Mikhailov（1991）认为 *Ovaloolithus* 蛋壳中排列紧密的壳单元和像裂缝的气孔道等特征，与 *Spheroolithus* 和 *Paraspheroolithus* 的差别很大，应从 Spheroolithidae 分离出来，另立一蛋科——椭圆形蛋科（Ovaloolithidae）。王强等（2012）认为 *Shixingoolithus erbeni* 具有与石笋蛋科（Stalicoolithidae）相似的蛋壳显微结构特征，将其归入 Stalicoolithidae 中。

鉴别特征 蛋化石近圆形，长径 80–90 mm，赤道直径 68–77 mm，形状指数平均为 85。蛋壳外表面具小瘤状纹饰，锥体层中锥体间隙明显。气孔道形状不规则，中部膨大，呈裂隙形，但在接近蛋壳外表面处变细，靠近锥体层处则与锥体间隙相通。蛋在蛋窝中排列方式无规律。

中国已知蛋属 *Spheroolithus* 和 *Paraspheroolithus*，共 2 蛋属。

分布与时代 目前世界上有正式记录的圆形蛋科（Spheroolithidae）的蛋属、蛋种有：圆形蛋属（*Spheroolithus*）、副圆形蛋属（*Paraspheroolithus*）2 蛋属 7 蛋种，主要分布于中国、蒙古、吉尔吉斯斯坦和北美，时代为晚白垩世。

评注 张秋南和薛祥煦根据在陕西秦岭东段山阳盆地上白垩统山阳组采集的一些碎蛋壳标本建立了 Spheroolithidae 的另一蛋属、蛋种——山阳山阳蛋（*Shanyangoolithus shanyangensis* Zhang et Xue, 1996）。根据作者的描述及其附图来分析（见薛祥煦等，1996，87–89 页，图版 IX，图 1a–d），图 1c–d 显示的壳单元是由针状的文石晶体组成，而且蛋壳很薄，只有 0.57 mm。可以肯定，这些蛋壳标本不属于 Spheroolithidae，而是龟类蛋壳。

圆形蛋属 Oogenus *Spheroolithus* Zhao, 1979

模式蛋种 *Spheroolithus spheroides*（Young, 1954）comb. nov.

鉴别特征 锥体层中具明显锥体间隙和楔体间隙（图 38），柱状层由 4 层以上、排列紧密的壳单元叠加而成；气孔道形状不规则，呈裂隙形。

中国已知蛋种 *Spheroolithus spheroides, S. chiangchiungtingensis, S. megadermus*，共 3 蛋种。

分布与时代 山东，晚白垩世。

评注 *Spheroolithus* 是赵资奎于 1979 年根据杨钟健（1954）记述的山东莱阳王氏群将军顶组（原先叫中王氏系）的 *Oolithes spheroides* 标本建立的 1 个蛋属，主要特征

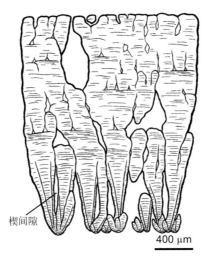

图 38　圆形蛋属 *Spheroolithus* 蛋壳径切面示意图

是壳单元的锥体形状不规则，楔体与楔体之间有很明显的楔间隙（图 38）。Mikhailov（1994b）记述的在蒙古上白垩统发现的 *Spheroolithus maiasauroides* 和 *Spheroolithus tenuicorticus* 两个蛋种，以及 Zelenitsky 和 Hills（1997）记述的在加拿大西部艾伯塔上白垩统 Oldman 组发现的 *Spheroolithus albertensis*，根据作者的描述和提供的图片分析，可以肯定这三个蛋种的壳单元的形态结构很完整，没有楔间隙，都不具有 *Spheroolithus* 的特征，但是壳单元的排列是两个以上成群聚集一起，与二连副圆形蛋的有些相似，是否属于 Spheroolithidae 的新类型尚不能肯定，需要进一步研究。

圆形圆形蛋（新组合）*Spheroolithus spheroides* (Young, 1954) comb. nov.

（图 39，图 40）

Oolithes spheroides：杨钟健，1954，381 页（IVPP V 730），图版 I，图 2；周明镇，1954，389 页；杨钟健，1965，图版 XIII B–XVI A

Oolithes chiangchiungtingensis：赵资奎、蒋元凯，1974，65 页（IVPP V 730），图版 I，图 1，2

Spheroolithus chiangchiungtingensis：赵资奎，1979a，332 页

正模　IVPP V 730，一窝 6 枚保存较好的蛋化石。

副模　IVPP V 731，7 枚保存程度不同的蛋化石。

模式产地　山东莱阳将军顶。

归入标本　DLNHM D152，D153，D156，3 枚完整的蛋化石。

鉴别特征　蛋化石近圆形，长径 74–90 mm，赤道直径约 68 mm，形状指数 85.0–90.5。蛋壳厚度 2.40–3.20 mm。锥体层约占蛋壳厚度的 1/2。锥体密度为 7–14 个 /mm²，

平均 9 个 /mm²。在每个锥体中常见不完整的楔体，有时只有 1–2 个楔体延伸至柱状层，因此有很明显的楔体间隙和锥体间隙。柱状层由 4–5 层排列紧密的壳单元叠加组成；气孔道形状不规则。

产地与层位 山东莱阳将军顶（IVPP V 730）、红土崖（IVPP V 731），上白垩统将军顶组；辽宁昌图泉头火车站南 - 西侧 1 km（DLNHM D152, D153, D156），上白垩统泉头组二段。

评注

1. 杨钟健（1954）以 IVPP V 730 为"主型"，并将 IVPP V 731、V 732、V 733、V 735、V 736 和 V 737 作为"归入标本"建立了 *Oolithes spheroides*。赵资奎和蒋元凯（1974）在建立将军顶圆形蛋（*Oolithes chiangchiungtingensis*）时，只是将 IVPP V 730、V 731 和后来又在将军顶发现的 IVPP RV74002（野外编号 G 5547）蛋化石列为"属于这类蛋的标本"，

图 39 圆形圆形蛋 *Spheroolithus spheroides* 正模（IVPP V 730）

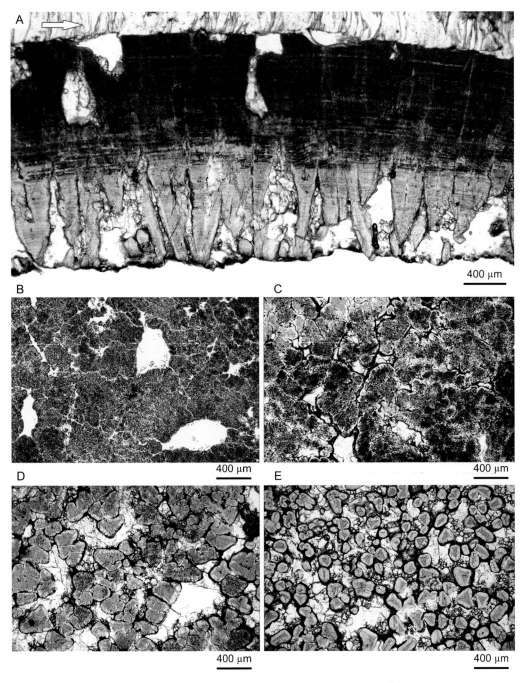

图 40　圆形圆形蛋 *Spheroolithus spheroides* 蛋壳显微结构

正模（IVPP V 730）：A. 蛋壳径切面，箭头所指为次生方解石；B. 蛋壳近外表面弦切面；C. 蛋壳中部弦切面；
D. 蛋壳锥体层中部弦切面；E. 蛋壳近内表面弦切面

没有指定正模；随后，赵资奎（1979a）在建立圆形蛋属（*Spheroolithus*）时，也只是列出
了将军顶圆形蛋（*Spheroolithus chiangchiungtingensis*）。这种处理方法违背了优先律原则，
因此，在这里明确指定 IVPP V 730 为正模，并将该蛋种修订为 *Spheroolithus spheroides*。

但是在重新观察 IVPP V 730 和 RV 74002 蛋壳显微结构特征时，发现两者的锥体层和柱状层厚度比例有明显不同，V 730 蛋壳锥体层约占蛋壳厚度的 1/2，而 RV 74002 蛋壳锥体层约占蛋壳厚度的 1/3，后者应代表 Spheroolithus 的另一个蛋种。因此仍保留将军顶圆形蛋（Spheroolithus chiangchiungtingensis）这一蛋种名称，并指定 IVPP RV74002 为其正模（见下）。

2. 矢部和尾崎（Yabe et Ozaki, 1929, Fig. 1a–b, Fig. 2）描述了辽宁昌图发现的蛋化石（DLNHM D152, D153, D156, D154，现存放于大连自然博物馆），认为它们可能属于龟类的蛋。刘金远等（2013）根据这些蛋化石的大小、形状和蛋壳结构特征等，将它们分别归类为圆形圆形蛋 Spheroolithus spheroides 和厚皮圆形蛋 Spheroolithus megadermus。

将军顶圆形蛋 *Spheroolithus chiangchiungtingensis* **(Zhao et Jiang, 1974) Zhao, 1979**

（图 41—图 43）

Oolithes chiangchiungtingensis：赵资奎、蒋元凯，1974，65 页（G 5547），图版 I，图 3–6

Oolithes spheroides：杨钟健，1965，图版 XIII B–XVI A

正模 IVPP RV74002（野外编号 G 5547），1 枚较为完整和 3 枚残破的蛋化石及 20 多片碎蛋壳。

模式产地 山东莱阳将军顶北。

鉴别特征 蛋化石近圆形，长径81 mm，赤道直径77 mm，形状指数95。锥体较为粗大，排列比较紧密，多数楔体都延伸到柱状层，仅有少数不完整，蛋壳厚度2.20 mm，锥体层厚度0.70–0.80 mm，约占蛋壳厚度的1/3，柱状层相对较厚。

产地与层位 山东莱阳将军顶北 1.70 km，上白垩统将军顶组。

评注 IVPP RV74002 蛋的形状、蛋壳厚度以及蛋壳显微结构与圆形圆形蛋正横 IVPP V 730 的非常接近，但蛋壳柱状层相对较厚，约占蛋壳厚度的 2/3，应代表 Spheroolithus 的另一个蛋种。

厚皮圆形蛋 *Spheroolithus megadermus* **(Young, 1959) Zhao, 1979**

（图 44— 图 46）

Oolithes megadermus：Young, 1959, p. 34, 35；赵资奎、蒋元凯，1974，66 页，图版 IV，图 8

正模 IVPP V 2337，一块碎蛋壳。

模式产地 山东莱阳赵疃。

图 41　将军顶圆形蛋 Spheroolithus chiangchiungtingensis

正模（IVPP RV74002）：A. 一枚较为完整和 3 枚残破的蛋化石；B. 蛋壳外表面；C. 蛋壳内表面

　　归入标本　DLNHM D154，1 枚保存了一半的蛋化石。

　　鉴别特征　蛋化石近圆形，长径 90 mm，赤道直径 80 mm，形状指数 88.9。蛋壳厚度 4.8–5.7 mm，蛋壳显微结构特征基本上类似于 Spheroolithus chiangchiungtingensis 和

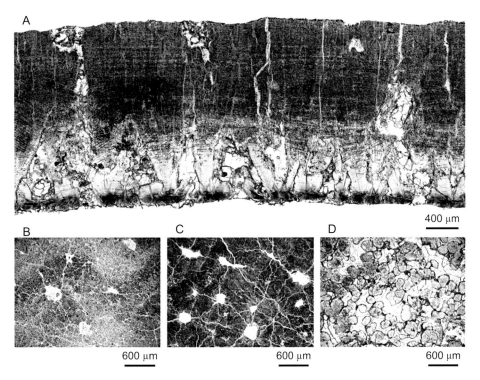

图 42　将军顶圆形蛋 *Spheroolithus chiangchiungtingensis* 蛋壳显微结构

正模（IVPP RV74002）：A. 蛋壳径切面；B. 蛋壳近外表面弦切面；C. 蛋壳中部弦切面；D. 蛋壳近内表面弦切面

图 43　将军顶圆形蛋 *Spheroolithus chiangchiungtingensis* 蛋壳径切面（SEM）（IVPP RV74002）
示气孔及楔体间隙

Spheroolithus spheroides，但柱状层由 8 层以上、排列紧密的壳单元叠加而成。

产地与层位 山东莱阳赵疃（IVPP V 2337），上白垩统将军顶组；辽宁昌图泉头火车站南 - 西侧 1 km（DLNHM D154），上白垩统泉头组二段。

评注 杨钟健（Young，1959）记述了发现于山东莱阳的一块碎蛋壳（IVPP V 2337）的形状、蛋壳外表面特征和蛋壳显微结构，认为它与 *Oolithes spheroides* 的基本相似，但考虑到蛋壳很厚（5.7 mm），应为一新的类型，命名为 *Oolithes megadermus*。由于没有可靠对比材料，赵资奎（1979a）将其置于圆形蛋属（*Spheroolithus*）中，作为存疑蛋种保留下来。最近，刘金远等（2013）在大连自然博物馆整理日本学者于 20 世纪 20 年代在辽宁泉头采集的几枚圆形的蛋化石（Yabe et Ozaki，1929）时，发现编号为 DLNHM D154 的蛋化石的蛋壳厚度和显微结构均与 IVPP V 2337 非常相似，将其归入厚皮圆形蛋，也进一步肯定了该蛋种确为一独立的蛋种。

图 44 厚皮圆形蛋 *Spheroolithus megadermus*
A. 正模（IVPP V 2337），a. 蛋壳外表面，b. 蛋壳断裂面；B. 归入标本（DLNHM D154），a. 半枚蛋化石外表面，
b. 蛋化石内部充填方解石

图 45　厚皮圆形蛋 *Spheroolithus megadermus* 蛋壳显微结构

正模（IVPP V 2337）：A. 蛋壳径切面；B. 蛋壳径切面局部放大，箭头示内表面处的锥体；C. 蛋壳径切面局部放大，箭头示次生壳单元

副圆形蛋属 Oogenus *Paraspheroolithus* Zhao, 1979

模式蛋种　*Paraspheroolithus irenensis*（Zhao et Jiang, 1974）Zhao, 1979

鉴别特征　锥体通常 2–4 个聚集在一起，锥体层具发达的平行于蛋壳内外表面的黑色条纹。弦切面上锥体近圆形，排列较紧密，仅有少量的间隙。柱状层近外表面有一些不规则凹陷。柱状层弦切面上壳单元排列紧密，气孔不规则或近圆形。

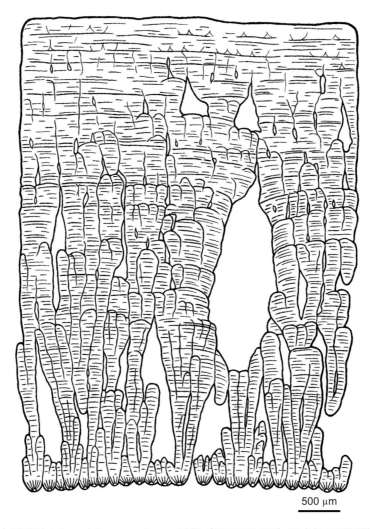

图 46　厚皮圆形蛋 *Spheroolithus megadermus* 正模（IVPP V 2337）蛋壳径切面显微结构素描图

中国已知蛋种　仅模式蛋种。

分布与时代　内蒙古、山东、河南、广东、湖北，晚白垩世。

评注　由于副圆形蛋属的蛋壳显微结构特征与石笋蛋科（Stalicoolithidae）的有许多相似之处，石笋蛋科的成员如果因为风化作用而缺失了蛋壳近外表面具有石笋状次生壳单元的部分，则有可能与副圆形蛋属的成员难以区分。所以一些曾经被归入副圆形蛋属的蛋种，如方晓思等（2005）建立的三王坝村副圆形蛋（*Paraspheroolithus sanwangbacunensis*），无法确定它们应该被归入副圆形蛋属还是石笋蛋科中，暂时被列为"分类位置不明的蛋种"（见本志书 153 页）；然而方晓思等（1998）建立的石嘴湾副圆形蛋（*Paraspheroolithus shizuiwanensis*）以及方晓思等（2003）建立的石嘴湾副圆形蛋（相似种）（*Paraspheroolithus* cf. *shizuiwanensis*）则因蛋壳近外表面保存得相对完好，能够显示出石笋蛋类蛋壳的组织结构特征而被归入石笋蛋科（见本志书 93 页）。张秋南和薛祥煦（见薛祥煦等，1996，89 页）建立的细层状副圆形蛋（*Paraspheroolithus lamelliformae*）则为大圆蛋科（Megaloolithidae）的坪岭叠层蛋（*Stromatoolithus pinglingensis*）的晚出同物异名（见本志书 62 页）。

二连副圆形蛋 *Paraspheroolithus irenensis* (Zhao et Jiang, 1974) Zhao, 1979

（图 47，图 48）

Oolithes spheroides：杨钟健，1954，381 页（IVPP V 733, IVPP V 735）；1965，150 页（PMRE. 126），图版 XIII B–XVI A

Oolithes irenensis：赵资奎、蒋元凯，1974，66 页，图版 II

Paraspheroolithus cf. P. irenensis：赵宏、赵资奎，1998，图版 II，图 2

Paraspheroolithus yangchengensis：方晓思等，1998，40 页，图版 XVII，图 6–9

选模　TMNH No. 40.095，有 4 枚较为完整蛋化石及 2 个印模的一不完整蛋窝。

副选模　BMNH PMRE. 126，一窝 10 枚保存程度不同的蛋化石；TMNH No. 40.116，一窝共 6 枚蛋化石；TMNH No. 40.052，4 枚破碎的蛋化石；IVPP V 733，较完整和部分保存的蛋共 8 枚；IVPP V 735，1 枚破碎的蛋化石及部分蛋壳碎片。

模式产地　山东莱阳红土崖。

归入标本　CUGW HYC22–HYC29，一窝共 8 枚蛋化石；GMC 1-29/93106，蛋壳径切面镜检薄片；GMC 93106-1/1-29, 93106-2/1-30，近圆形的蛋化石；IVPP V11571，蛋片 4 片。

鉴别特征　蛋化石近圆形，长径 83–99 mm，平均 84 mm，赤道直径 67–88 mm，平均 70 mm，形状指数平均为 83。蛋壳厚度 1.50–2.20 mm，平均 1.80 mm。锥体层厚度 0.60–0.80 mm，平均 0.70 mm。锥体密度 12–21 个 /mm²，平均 15 个 /mm²。蛋壳显微结构特征同蛋属。

产地与层位　山东莱阳红土崖（TMNH No. 40.095, No. 40.116, BMNH PMRE. 126）、姜家岭（TMNH No. 40.052）、将军顶（IVPP V 733）和金岗口（IVPP V 735），上白垩统王氏群将军顶组和金刚口组；内蒙古二连浩特附近，上白垩统二连达巴苏组；湖北郧县贺家沟（CUGW HYC22–HYC29），上白垩统高沟组。河南西峡阳城张堂（GMC 1-29/93106, 93106-1/1-29, 93106-2/1-30），上白垩统走马岗组；淅川老城周家湾（IVPP V11571），上白垩统马家村组。

评注

1. 赵资奎和蒋元凯（1974）在研究山东莱阳恐龙蛋壳的显微结构时，发现原来被指定为 *Oolithes spheroides* 的标本中，编号为 IVPP V 735、BMNH PMRE 126、TMNH No. 40.095 和 No. 40.116 等蛋壳的显微结构特征与 van Straelen（1925）和 Schwarz 等（1961）

图 47　二连副圆形蛋 *Paraspheroolithus irenensis*
A. 选模（TMNH No. 40.095）；B. 副选模（BNHM PMRE. 126）

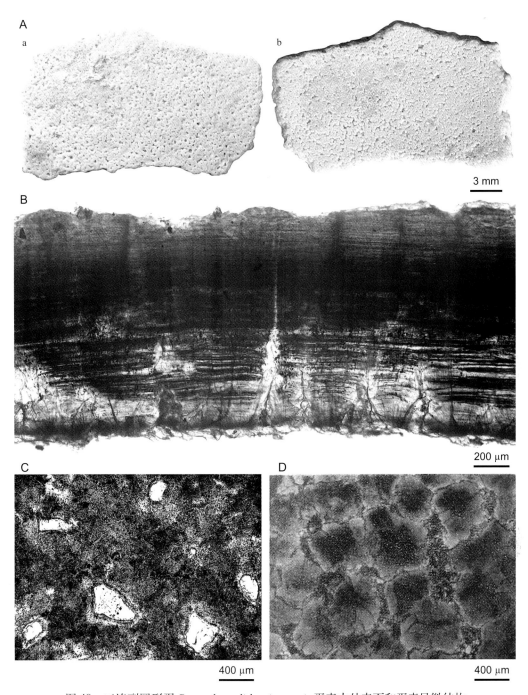

图 48　二连副圆形蛋 *Paraspheroolithus irenensis* 蛋壳内外表面和蛋壳显微结构
选模（TMNH No. 40.095）：A. 蛋壳碎片：a. 蛋壳外表面；b. 蛋壳内表面；B. 蛋壳径切面；C. 蛋壳柱状层
中部弦切面；D. 蛋壳锥体层弦切面

描述的、20 世纪 20 年代美国"中亚考察团"在我国内蒙古二连浩特附近的达巴苏层
（现称为二连达巴苏组）中采集的蛋壳化石非常相似，将其命名为二连圆形蛋（*Oolithes
irenensis*）；1979 年，赵资奎根据这些标本壳单元的排列方式等特征建立一新的蛋属

Paraspheroolithus，命名为二连副圆形蛋（*Paraspheroolithus irenensis*）。

2. 赵宏和赵资奎（1998）记述的河南淅川发现的 *Paraspheroolithus* cf. *P. irenensis* 仅有蛋壳标本，与二连副圆形蛋没有明显的差别，也应该为同一蛋种。

3. 方晓思等（1998）记述的河南西峡出土的 *Paraspheroolithus yangchengensis*，无论是从宏观形态还是蛋壳显微结构（见方晓思等，1998，40 页，图版 XVII，图 6–9）上看，均与 *Paraspheroolithus irenensis* 的没有明显区别。原文中描述的"壳表有一层由方解石结晶组成的保护层"，实际上是在石化过程中形成的次生方解石，不能作为分类依据，所以该蛋种是二连副圆形蛋的晚出同物异名。

椭圆形蛋科 Oofamily Ovaloolithidae Mikhailov, 1991

模式蛋属 *Ovaloolithus* Zhao, 1979

概述 椭圆形蛋类化石是 1951 年首次在山东莱阳金岗口（原文献为金刚口）—横兰埠（原文献为红蓝埠）一带的上白垩统王氏群金刚口组（原文献为王氏系上部）地层中发现的（刘东生，1951）。随后，北京自然博物馆也在金岗口夏家营发现了这类蛋化石。杨钟健（1954, 1965）认为，这类蛋化石和将军顶—红土崖一带的王氏系中部（现称王氏群将军顶组）、广东南雄乌径镇禾尚坑上白垩统园圃组以及内蒙古二连浩特的标本，在形状、大小和蛋壳外表面特征上都很相近，应是同一类恐龙产的蛋，命名为圆形蛋（*Oolithes spheroides*）。赵资奎和蒋元凯（1974）认为，莱阳王氏群金刚口组的蛋化石形状虽近于圆形，但是蛋壳壳单元的形状、排列方式和气孔道的特征都与王氏群将军顶组的标本明显不同，应为另一种蛋，命名为金刚口圆形蛋（*Oolithes chinkangkouensis*），同时根据蛋壳柱状层中生长纹的特征，进一步将金刚口圆形蛋分为 A、B、C 和 D 4 个组。1979 年，赵资奎又根据他本人在 1975 年提出的恐龙蛋化石的分类和命名方法将 *Oolithes chinkangkouensis* 和 *Oolithes laminadermus* 标本另立为一新蛋属——椭圆形蛋属（*Ovaloolithus*），并将其归入圆形蛋科（Spheroolithidae）。Mikhailov（1991）认为 *Ovaloolithus* 蛋壳壳单元的形态特征和排列方式以及气孔道的形状，与圆形蛋科的 *Spheroolithus* 和 *Paraspheroolithus* 的差别很大，应从圆形蛋科中分离出来，另立一新蛋科——椭圆形蛋科（Ovaloolithidae）。目前，这一分类方案已被普遍接受和采用。

鉴别特征 蛋椭圆形，长径 78–97 mm，赤道直径 58–74 mm，形状指数平均为 74。锥体层很薄，约占蛋壳厚度的 1/20。柱状层很厚，可分内外两层，内层壳单元呈柱状，排列紧密，但界线清晰；外层壳单元呈伞形交叉排列（图 49）。蛋在蛋窝中的排列方式无规律。

中国已知蛋属 仅模式蛋属。

分布与时代 目前世界上有正式记录的椭圆形蛋科仅有 *Ovaloolithus* 一个蛋属和 11 个蛋种，其中在中国有 10 蛋种的记录，在蒙古有 *Ovaloolithus chinkangkouensis* 和

Ovaloolithus dinornithoides 2 蛋种的记录，地质时代为晚白垩世晚期。此外，在吉尔吉斯斯坦的上白垩统发现的蛋壳也可能是椭圆形蛋科的成员（Mikhailov, 1997）。

评注

1. 赵资奎和蒋元凯（1974）在描述椭圆形蛋类的蛋壳显微结构时，将其分为乳突层（锥体层）和层状棱柱层（柱状层），认为锥体层的特征是壳单元呈棱柱状，排列紧密，柱状层中壳单元呈放射状，柱体彼此相互交错排列。后来 Zhao（1993, 1994）和佘德伟（1995）采用扫描电镜技术观察这类蛋壳的超微结构，发现壳单元呈棱柱状的部分应是柱状层内层而非锥体层的一部分，实际上这类蛋壳的锥体层很薄（图49）。

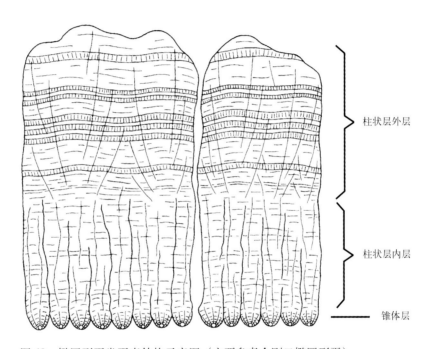

柱状层外层

柱状层内层

锥体层

图 49　椭圆形蛋类蛋壳结构示意图（主要参考金刚口椭圆形蛋）

2. 方晓思等（2009a, b）根据产自广东南雄盆地上白垩统南雄群园圃组和新疆准噶尔盆地三个泉上白垩统乌伦古河组的标本建立了一个新蛋科——羽片蛋科（Pinnatoolithidae），2 新蛋属——羽片蛋属（*Pinnatoolithus*）和披针蛋属（*Lanceoloolithus*），6 新蛋种——石塘羽片蛋（*P. shitangensis*）、南雄羽片蛋（*P. nanxiongensis*）、三个泉羽片蛋（*P. sangequanensis*）、下坪披针蛋（*L. xiapingensis*）、黄塘披针蛋（*L. huangtangensis*）和准噶尔披针蛋（*L. junggarensis*）。每个蛋种只以 1–3 张蛋壳径切面镜检薄片为代表。根据作者的描述和提供的蛋壳径切面照片可以看出，羽片蛋属及所属的三个蛋种：石塘羽片蛋、南雄羽片蛋和三个泉羽片蛋的蛋壳显微结构特征与椭圆形蛋类相同，原文描述的"羽片状鳞片"指的就是椭圆形蛋类蛋壳柱状层外层呈伞形交错排列的壳单元（见方晓思等，2009a, 174, 175 页，图 3–5）。因此"羽片蛋属"是椭圆形蛋属的晚出同物异名，"羽片蛋属"的三个蛋种：石塘羽片蛋、南雄羽片蛋和三个泉羽片蛋也应归入椭圆形蛋属。羽片蛋科的另一个蛋属——披针蛋属及所属的 3 个蛋种：黄塘披针蛋被修订为长形蛋科（Elongatoolithidae）的安氏长形蛋（见本志书 26 页）、下坪披针蛋和准噶尔披针蛋被修订为石笋蛋科（Stalicoolithidae）的艾氏始兴蛋（见本志书 97 页）。根据命名法规，"羽片蛋科（Pinnatoolithidae）"这个名称应为无效。

椭圆形蛋属 Oogenus *Ovaloolithus* Zhao, 1979

Pinnatoolithus：方晓思等，2009a，174 页，图 3–5；方晓思等，2009b，527 页，图 3

模式蛋种　*Ovaloolithus chinkangkouensis* Zhao, 1979

鉴别特征　同蛋科。

中国已知蛋种　*Ovaloolithus chinkangkouensis, O.* cf. *chinkangkouensis?, O. tristriatus, O. mixtistriatus, O. monostriatus, O. laminadermus, O. turpanensis, O. shitangensis, O. nanxiongensis, O. sangequanensis*，共 10 蛋种。

分布与时代　山东、广东、河南、新疆，晚白垩世。

评注

1. 方晓思等（1998，42 页，图版 XVII，图 2, 3）记述的河南西峡的一个新蛋种——桑坪椭圆形蛋（*Ovaloolithus sangpingensis*），根据作者的描述和提供的蛋壳径切面照片，王强等（2012）认为这是石笋蛋科（Stalicoolithidae）的 *Shixingoolithus erbeni* 的晚出同物异名（见本志书 97 页）；余心起（1998）记述的安徽皖南上白垩统发现的椭圆形蛋属两个新蛋种——渭桥椭圆形蛋（*Ovaloolithus weiqiaoensis*）和黄土岭椭圆形蛋（*O. huangtulingensis*），由于作者没有提供任何相关的蛋壳显微结构特征的描述及蛋壳显微结构照片或图片，没法判断是哪一类型的蛋化石（见本志书 152 页）。

2. Sochava (1972) 报道了在蒙古东戈壁的 Tel-Ulan-Ula 地点上白垩统 Bayn-Shireh 组出土的内表面上附着有 4 根残破的蹠骨 (PIN 2970/7) 的一大片碎蛋壳，这 4 根残破的蹠骨在形态上和秀角龙（*Leptoceratops*）及原角龙（*Protoceratops*）的很相似，因此被认为是某些角龙类的胚胎骨化石。然而 Kurzanov 重新研究了这块标本，认为原来被鉴定为第 III 蹠骨的骨骼由于保存不好，实际上无法确定是属于哪一类恐龙的 (Mikhailov et al., 1994, p. 98)。

金刚口椭圆形蛋 *Ovaloolithus chinkangkouensis* (Zhao et Jiang, 1974) Zhao, 1979

（图 50）

Oolithes spheroides：杨钟健，1954，381 页（IVPP V 732, IVPP V 735, IVPP V 737）；杨钟健，

图 50 金刚口椭圆形蛋 *Ovaloolithus chinkangkouensis*

选模（BMNH PMRE.11）：A. 由 6 枚完整和 3 枚破碎蛋组成的一窝蛋；B. 蛋壳径切面；C. 蛋壳柱状层外层弦切面；D. 蛋壳柱状层内层弦切面

1965，150 页（PMRE. 11），图版 XIII-B，图版 XIV；周明镇，1954，389 页，图 1

Oolithes chinkangkouensis A 组：赵资奎、蒋元凯，1974，67 页，图版 III，图版 IV，图 1，2

选模　BMNH PMRE. 11，6 枚保存完整的蛋化石及 3 枚残破的蛋化石组成的一窝蛋。

模式产地　山东莱阳吕格庄金岗口夏家营。

归入标本　IVPP V 732，5 枚保存完整的蛋化石；IVPP V 735，蛋壳碎片；IVPP V 737，2 枚较完整及 1 枚不完整的蛋；TMNH No. 40.087，蛋化石 1 枚；IVPP V11572，蛋壳 7 片；IVPP V 11573，蛋壳 3 片。

鉴别特征　蛋椭圆形，长径 78–97 mm，赤道直径 68–70 mm，形状指数 78。蛋壳厚度 2.60 mm。柱状层外层具有 15–20 条相互平行且均匀分布的棕红色条纹。

产地与层位　山东莱阳吕格庄金岗口（BMNH PMRE. 11, TMNH No. 40.087, IVPP V 735, V 737）、横兰埠村（IVPP V 732），上白垩统金刚口组；河南淅川老城石家湾、尖坊沟八里庄，上白垩统寺沟组（IVPP V11572, V 11573）。

金刚口？椭圆形蛋（相似种）*Ovaloolithus* cf. *O. chinkangkouensis*? Zhang et Xue, 1996

材料　NWU KSD14-2, KSD16-2, KSD37-1, KSD37-2, KSD23-1, KSD25-1, KSD27-1, KSD38-1，碎蛋壳。

标本描述　蛋壳外表面光滑，壳厚为 1.33–1.86 mm，平均 1.50 mm。蛋壳径切面上密布平行于壳表的生长纹，在柱状层内外层之间有一条颜色较深的条纹。

产地与层位　陕西山阳过风楼唐家沟东山的张家沟—牛膀沟，上白垩统山阳组。

评注　张秋南和薛祥煦（见薛祥煦等，1996，87 页，图版 X，图 11）认为 *Ovaloolithus* cf. *O. chinkangkouensis* 与 *Ovaloolithus chinkangkouensis* 的区别在于"水平状条纹"相对较细，然而从径切面照片上看来，除了密布的生长纹之外，见不到任何可与金刚口椭圆形蛋蛋壳柱状层外层的条纹相对比的特征。如果从原文的描述来看，该蛋种在柱状层内外层之间有一条颜色较深的条纹，不同于任何已知的椭圆形蛋类，所以目前无法确定这个蛋种为金刚口椭圆形蛋（相似种）。

三条纹椭圆形蛋 *Ovaloolithus tristriatus* Zhao, 1979
（图 51）

Oolithes spheroides：杨钟健，1954，381 页（IVPP V 735）

Oolithes chinkangkouensis B 组：赵资奎、蒋元凯，1974，68 页，图版 IV，图 3

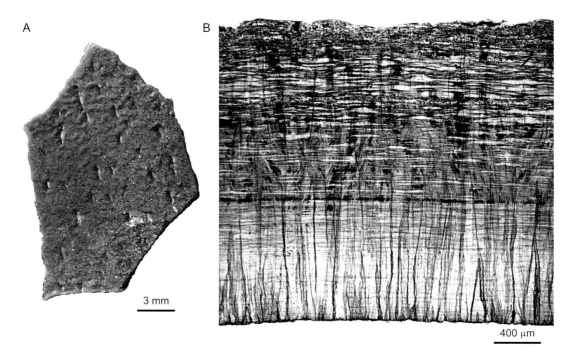

图 51 三条纹椭圆形蛋 Ovaloolithus tristriatus

众模（IVPP V 735）中一件标本：A. 蛋壳碎片，示外表面；B. 蛋壳径切面

众模 IVPP V 735，数百片碎蛋壳。

模式产地 山东莱阳吕格庄金岗口西南沟口。

鉴别特征 蛋壳平均厚度 2.4 mm，柱状层外层具有 3 条较为明显的条纹，在柱状层内外层交界处为一黑色条纹，在柱状层外层中部及靠近蛋壳外表面处各为灰白色条纹。

产地与层位 山东莱阳吕格庄金岗口西南沟，上白垩统金刚口组。

混杂纹椭圆形蛋 <i>Ovaloolithus mixtistriatus</i> Zhao, 1979

（图 52）

Oolithes spheroides：杨钟健，1954，381 页（IVPP V 736）

Oolithes chinkangkouensis C 组：赵资奎、蒋元凯，1974，68 页，图版 IV，图 4

众模 IVPP V 736，约 100 片碎蛋壳。

模式产地 山东莱阳吕格庄金岗口东沟。

鉴别特征 蛋壳厚度 2.5 mm，在柱状层内层与外层交界处有一条灰白色条纹，柱状层外层具有很多分布不均、粗细不一的黑色条纹。

产地与层位 山东莱阳吕格庄金岗口东沟，上白垩统金刚口组。

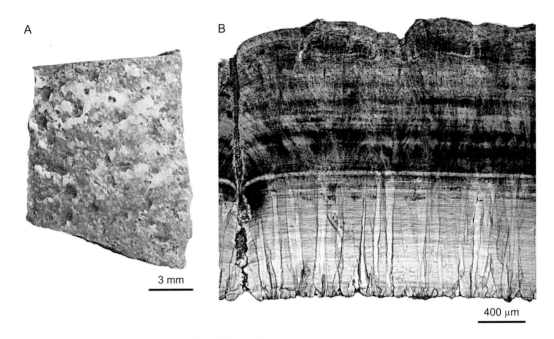

图 52　混杂纹椭圆形蛋 *Ovaloolithus mixtistriatus*

众模（IVPP V 736）中的一件标本：A. 蛋壳碎片，示外表面；B. 蛋壳径切面

单纹椭圆形蛋 *Ovaloolithus monostriatus* Zhao, 1979

（图 53）

Oolithes chinkangkouensis D 组：赵资奎、蒋元凯，1974，68 页，图版 IV，图 5

众模　IVPP V 734，碎蛋壳十多片。

图 53　单纹椭圆形蛋 *Ovaloolithus monostriatus*

众模（IVPP V 734）中的一件标本：A. 蛋壳碎片，示外表面；B. 蛋壳径切面

模式产地　山东莱阳吕格庄金岗口东沟。

鉴别特征　蛋壳厚度 1.5 mm，柱状层内层的中部有一黑色细条纹，柱状层外层具有很多分布不均的黑色细条纹。

产地与层位　山东莱阳吕格庄金岗口东沟，上白垩统金刚口组。

薄皮椭圆形蛋 *Ovaloolithus laminadermus* Zhao, 1979
（图 54）

Oolithes laminadermus：赵资奎、蒋元凯，1974，68 页，图版 IV，图 6

正模　IVPP V 788，两片碎蛋壳。

模式产地　山东莱阳吕格庄金岗口南。

鉴别特征　蛋壳径切面显微结构与金刚口椭圆形蛋（*Ovaloolithus chinkangkouensis*）的非常相似，柱状层外层具有 8–10 条相互平行、均匀分布的棕红色细条纹，但蛋壳很薄，厚度只有 0.9 mm。

产地与层位　山东莱阳金岗口南，上白垩统金刚口组顶部。

400 μm

图 54　薄皮椭圆形蛋 *Ovaloolithus laminadermus* 蛋壳径切面（IVPP V 788）

吐鲁番椭圆形蛋 *Ovaloolithus turpanensis* Zhang et Wang, 2010
（图 55，图 56）

正模　IVPP V 16860.1，1 枚保存完整的蛋化石。

副模　IVPP V 16860.2，另一枚较大的完整蛋化石。

模式产地　新疆吐鲁番十三间房火车站南。

图 55 吐鲁番椭圆形蛋 *Ovaloolithus turpanensis*
A. 正模（IVPP V 16860.1）；B. 副模（IVPP V 16860.2）

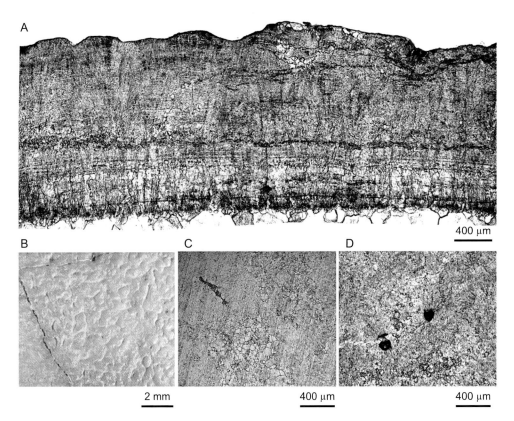

图 56 吐鲁番椭圆形蛋 *Ovaloolithus turpanensis* 蛋壳显微结构
A. 蛋壳径切面（IVPP V 16860.1）；B. 蛋壳外表面（IVPP V 16860.2）；C. 蛋壳柱状层外层弦切面（IVPP V 16860.1）；D. 蛋壳柱状层内层弦切面（IVPP V 16860.1）

鉴别特征 蛋化石形状为椭圆形，长径 85–91 mm，赤道直径 61–67 mm，形状指数 72。蛋壳外表面具小瘤和虫状突起，蛋壳厚度 1.88 mm。柱状层分内外两层，内层壳单元呈柱状，在靠近锥体层处有一条由很多相互平行的细条纹组成的较宽条带。柱状层外层壳单元为扇形，其中的晶体呈放射状排列，在与柱状层内层相接起始处也有很明显的由细条纹组成的较宽条带。

产地与层位　新疆吐鲁番十三间房火车站南，上白垩统苏巴什组。

石塘椭圆形蛋（新组合）*Ovaloolithus shitangensis* (Fang et al., 2009) comb. nov.

Pinnatoolithus shitangensis：方晓思等，2009a，174 页，图 3，图 13 上 a；方晓思等，2009b，527 页，图 3a，b

正模　GMC 90N-ST，蛋壳径切面镜检薄片 1 片。

模式产地　广东南雄江头石塘。

鉴别特征　两枚蛋化石，其中一枚为圆形，长径 95 mm，赤道直径 90 mm，形状指数 95；另一枚为椭圆形，长径 105 mm，赤道直径 75 mm，形状指数 71。蛋壳表面粗糙，壳厚 1.80–2.60 mm，柱状层下部与上部的厚度比约为 1 : 2，且两层之间界线清晰。柱状层下部近蛋壳内表面处有一条深色条纹，柱状层上部的中间部分生长纹较为密集。

产地与层位　广东南雄江头石塘，上白垩统园圃组。

评注　方晓思等（2009a，174 页，图 3）记述的石塘羽片蛋（*Pinnatoolithus shitangensis*）有两枚蛋化石，但没有说明这两枚蛋化石保存在何处，也没有提供相关的照片。根据文中提供的蛋壳显微结构照片看，与椭圆形蛋类的相似，因此将其归入椭圆形蛋类，并修订为 *Ovaloolithus shitangensis*。

南雄椭圆形蛋（新组合）*Ovaloolithus nanxiongensis* (Fang et al., 2009) comb. nov.

Pinnatoolithus nanxiongensis：方晓思等，2009a，174 页，图 4，图 13 中 a；方晓思等，2009b，527 页，图 3c

正模　GMC 08-41-2-2, 08-41-3-1，蛋壳径切面镜检薄片。

模式产地　广东南雄东南水口桥涁水北岸。

鉴别特征　蛋壳表面起伏较小，壳厚 1.70 mm，整个蛋壳中均匀分布着密集的生长纹。柱状层下部与上部的厚度比约为 1 : 2，两层之间有一暗色的宽条带。

产地与层位　广东南雄东南水口桥涁水北岸，上白垩统园圃组。

评注　方晓思等（2009a）认为羽片蛋属（*Pinnatoolithus*）的蛋壳结构存在"同种多态现象"，但是从该文图 13 的几张蛋壳径切面照片来看，图 13 上 a–c 被指为石塘羽片蛋（现修订为石塘椭圆形蛋）的"同种多态现象"，但实际上只有图 a 是该蛋种，图 b 显示的蛋壳组织结构特征却和椭圆形蛋类的另一个蛋种 *Ovaloolithus tristriatus* 的相似，而图 c 则为一未知的蛋种，暂时无法确定是哪一类蛋化石。图 13 中 a-c 被指为南雄羽片蛋（现修订为南雄椭圆形蛋）的"同种多态现象"，实际上图 a 显示的是该蛋种，图 b 无法确定是哪一类蛋化石，图 c 显示的则是鳄类蛋壳的组织结构特征。

三个泉椭圆形蛋（新组合）*Ovaloolithus sangequanensis* (Fang et al., 2009) comb. nov.

Pinnatoolithus sangequanensis：方晓思等，2009a，175 页，图 5；方晓思等，2009b，527 页，图 3d

正模　GMC 0709HJ-1-f，蛋壳径切面镜检薄片 1 片。

模式产地　新疆准噶尔盆地三个泉。

鉴别特征　蛋化石圆形，壳厚 3 mm，蛋壳外表面起伏明显。柱状层下部与上部的厚度比约为 3：5。柱状层下部近蛋壳内表面的一半生长纹不明显，蛋壳其余部分均匀分布着密集的生长纹。

产地与层位　新疆准噶尔盆地三个泉，上白垩统乌伦古河组。

石笋蛋科　Oofamily Stalicoolithidae Wang, Wang, Zhao et Jiang, 2012

模式蛋属　*Stalicoolithus* Wang, Wang, Zhao et Jiang, 2012

概述　石笋蛋类化石的形状近于圆形，最早发现于蒙古南戈壁的上白垩统中，由于蛋壳气孔道形状不规则，呈裂隙状，Sochava（1969）根据她本人提出的"蛋壳结构分类方法"，将其归入裂隙形气孔道蛋壳类型（prolatocanaliculate type）。20 世纪 90 年代，Mikhailov（1994b, 1997）在研究蒙古南戈壁新发现的这类标本时，将其归入树枝蛋科（Dendroolithidae），并分为两个蛋种，命名为 *Dendroolithus verrucarius* 和 *Dendroolithus microporosus*。Huh 和 Zelenitsky（2002）将韩国全罗南道上白垩统发现的这类标本归入圆形蛋属（*Spheroolithus* oosp.）。王强等（2012）记述了在浙江天台双塘、桥下村等地发现的 *Stalicoolithus shifengensis* 和 *Coralloidoolithus shizuiwanensis*，认为这两个蛋种的蛋壳形态结构特征与 Mikhailov（1994b, 1997）记述的蒙古南戈壁的标本较为相似。除气孔道形状不规则外，最显著的特征是柱状层很厚，近外表面具有一层松散排列的粗细不等、长短不一的石笋状次生壳单元，不同于其他已知的任何一个蛋科。因此建立了一个新的蛋科，命名为石笋蛋科（Stalicoolithidae）。

鉴别特征　蛋化石圆形或近圆形，个体较小，长径约 87-100 mm，在蛋窝中无规则排列。蛋壳较厚，厚度为 2.40-4.00 mm，蛋壳外表面粗糙，具有不规则状突起。蛋壳锥体层非常薄，厚度为 0.18-0.25 mm，仅为壳厚的 1/20-1/4。柱状层可分为内层、中间层和外层：内层发育水平生长纹，壳单元成群聚集在一起，常见与壳单元间隙相通的不规则气孔道；中间层有明暗相间的条带；外层由粗细不等、长短不一的次生壳单元松散排列而成，壳单元间隙也常与气孔道连通。弦切面上气孔近圆形或不规则，在柱状层中间层中部直径和密度都减少，向外表面方向又有所增加。

中国已知蛋属　*Stalicoolithus*, *Coralloidoolithus*, *Shixingoolithus*，共 3 蛋属。

分布与时代　浙江、广东、河南、新疆，晚白垩世；蒙古、韩国，晚白垩世。

石笋蛋属 Oogenus *Stalicoolithus* Wang, Wang, Zhao et Jiang, 2012

模式蛋种　*Stalicoolithus shifengensis* Wang, Wang, Zhao et Jiang, 2012

鉴别特征　蛋化石圆形，长径 95.4 mm，赤道直径 90 mm；形状指数 93；蛋壳厚度为 3.90–4.00 mm；锥体层非常薄，仅为蛋壳厚度的 1/20；柱状层中间层厚度大，为 1.60–1.70 mm，下部见有多条近平行的浅色条带；柱状层外层石笋状次生壳单元发育，密度为 80–100 个 /mm²。

中国已知蛋种　仅模式蛋种。

分布与时代　浙江，晚白垩世。

始丰石笋蛋 *Stalicoolithus shifengensis* Wang, Wang, Zhao et Jiang, 2012

（图 57，图 58）

正模　TTM 29，1 枚较完整的蛋化石。

模式产地　浙江天台双塘。

鉴别特征　同蛋属。

产地与层位　浙江天台双塘，上白垩统赤城山组一段。

珊瑚蛋属 Oogenus *Coralloidoolithus* Wang, Wang, Zhao et Jiang, 2012

模式蛋种　*Coralloidoolithus shizuiwanensis* (Fang et al.,1998) Wang, Wang, Zhao et Jiang, 2012

鉴别特征　蛋化石近圆形，长径平均为 93.6 mm，形状指数平均为 87.50。蛋壳厚度为 2.60–2.80 mm。锥体层厚度为 0.20–0.25 mm，约占蛋壳厚度 1/10；锥体间隙非常明显，单位面积内锥体的数量为 20–24 个 /mm²；柱状层中间层厚度为 1.05–1.10 mm，发育多条宽窄不一的浅色条带；外层次生壳单元的形态及排列方式与珊瑚类似，单位面积内的数量为 35–45 个 /mm²。

中国已知蛋种　仅模式蛋种。

图 57 始丰石笋蛋 *Stalicoolithus shifengensis*

正模（TTM 29）：A. 蛋的形态，一枚完整的蛋化石（缺失部分蛋壳）；B. 蛋壳径切面，示排列紧密的壳单元、
不规则的气孔道，及其中发育的次生壳单元（箭头）

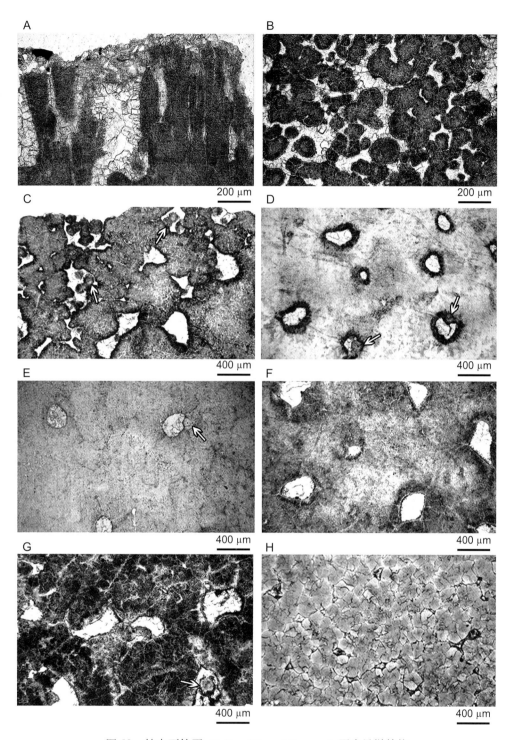

图 58　始丰石笋蛋 *Stalicoolithus shifengensis* 蛋壳显微结构

正模（TTM 29）：A. 蛋壳柱状层外层局部放大，示石笋状的次生壳单元；B. 蛋壳近外表面弦切面，示次生壳单元；C. 蛋壳柱状层外层下部的弦切面，示次生壳单元（箭头）；D. 蛋壳中间层上部弦切面，示较大的气孔及其间发育的次生壳单元（箭头）；E. 蛋壳中间层中部弦切面，示减小的气孔密度，及气孔中发育的次生壳单元（箭头）；F. 蛋壳柱状层内层上部的弦切面，示增加的气孔密度；G. 蛋壳柱状层内层下部的弦切面，示不规则的气孔，及其中发育的次生壳单元（箭头）；H. 蛋壳锥体层弦切面，示紧密排列的锥体和不规则的锥体间隙

分布与时代 浙江、河南，晚白垩世。

评注 在蒙古戈壁发现的那些具有裂隙形气孔道类型的蛋化石（Sochava, 1969）和 Mikhailov 建立的 *Dendroolithus microporosus*（Mikhailov, 1994b, 1997; Mikhailov et al., 1994），以及韩国全罗南道上白垩统的 *Spheroolithus* oosp.（Huh et Zelenitsky, 2002）的蛋壳显微结构特征都与石嘴湾珊瑚蛋较为相似，它们都应归入珊瑚蛋属。其中发现于韩国的蛋化石个体较小，蛋壳相对较薄，可能代表一个新蛋种；蒙古的蛋化石则与石嘴湾珊瑚蛋更近似一些。

石嘴湾珊瑚蛋 *Coralloidoolithus shizuiwanensis* (Fang et al., 1998) Wang, Wang, Zhao et Jiang, 2012

（图 59，图 60）

Paraspheroolithus shizuiwanensis：方晓思等，1998，40 页，图版 XVII，图 5；周世全等，2001b，364 页；周世全、冯祖杰，2002，71 页；方晓思等，2007a，99 页；方晓思等，2007b，133 页；王德有等，2008，32 页；方晓思等，2009b，530 页

Paraspheroolithus cf. *P. irenensis*：赵宏、赵资奎，1998，287 页，图版 II，图 2；方晓思等，2007a，104 页

Paraspheroolithus cf. *P. shizuiwanensis*：方晓思等，2000，109 页，图版 I，图 9–11；方晓思等，2003，517 页，图版 II，图 3；钱迈平等，2007，82 页；钱迈平等，2008，249 页；方晓思等，2009b，533 页

Elongatoolithus chichengshanensis：方晓思等，2003，517 页，图版 I，图 6, 7；王德有等，2008，31 页；方晓思等，2009b，533 页

Spheroolithus cf. *S. zhangtoucaoensis*：Barta et al., 2013, p. 5, figs. 5, 6

正模 GMC 95SZW-F-1/1-89，蛋壳径切面镜检薄片 1 片。

模式产地 河南省西峡县桑坪石嘴湾。

归入标本 GMC T-7, Zhe-3-3, T-5，蛋壳径切面镜检薄片；TTM 2，由 9 枚蛋化石组成的一不完整蛋窝；IVPP V 11571，4 块碎蛋壳；IVPP V 16966.1，6 枚蛋化石组成的一不完整蛋窝；IVPP V 16966.2，3 枚排列紧密的蛋化石，其中一枚较完整，两枚破碎；IVPP V 16966.3，1 枚较为完整的蛋化石；IVPP V 16966.4，3 枚排列紧密的蛋化石，其中一枚较完整，两枚破碎；ZMNH M8517 D1，6 枚蛋组成的不完整蛋窝；ZMNH M8572，13 枚蛋组成的不完整蛋窝；ZMNH M8517 B, M8517 F, M8535 D2，原文仅有蛋壳径切面薄片和扫描电镜照片，标本情况不详。

鉴别特征 同蛋属。

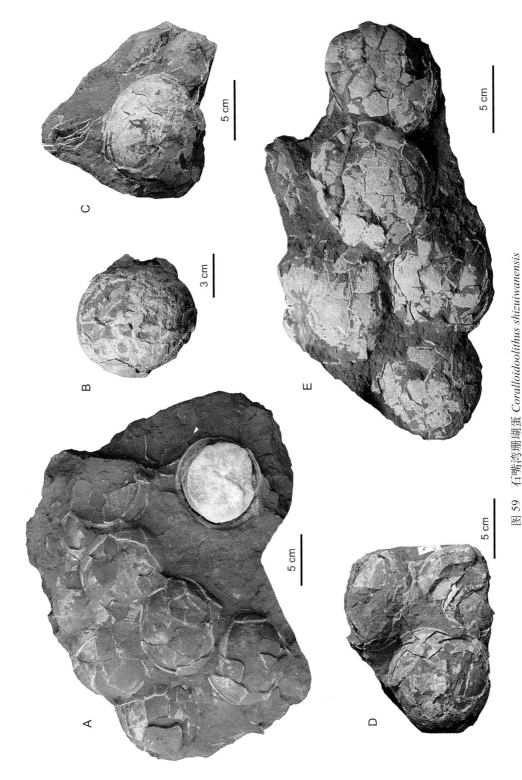

图 59 石嘴湾珊瑚蛋 *Coralloidoolithus shizuiwanensis*

A. 归入标本 (TTM 2); B-E. 归入标本 (IVPP V 16966): B. 一枚较完整蛋化石 (IVPP V 16966.3); C. 3 枚蛋化石, 其中一枚较完整, 两枚破碎 (IVPP V 16966.2); D. 3 枚蛋化石, 其中一枚较完整, 两枚破碎 (IVPP V 16966.4); E. 6 枚蛋化石组成的一不完整蛋窝 (IVPP V 16966.1)

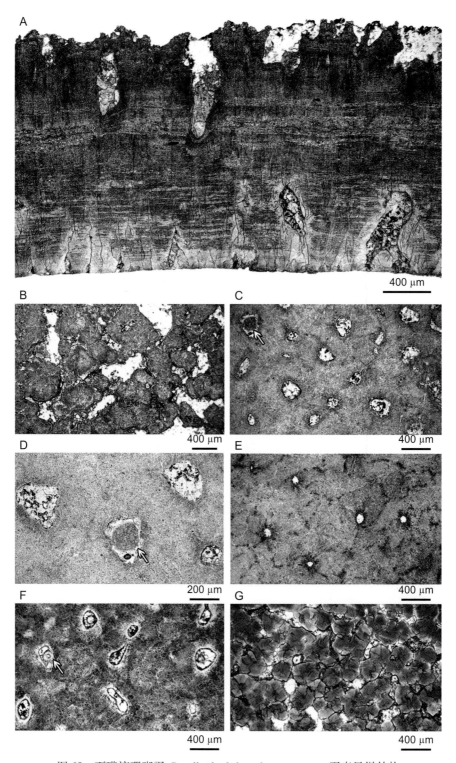

图 60　石嘴湾珊瑚蛋 *Coralloidoolithus shizuiwanensis* 蛋壳显微结构

A. 蛋壳径切面（TTM 2）；B. 蛋壳近外表面弦切面（TTM 2）；C. 蛋壳柱状层中间层上部弦切面，注意气
孔的直径和密度均较大（TTM 2）；D. C 图中箭头处局部放大，箭头示气孔中的次生壳单元（TTM 2）；
E. 蛋壳柱状层中间层下部弦切面，注意气孔的直径和密度均减小（TTM 2）；F. 蛋壳柱状层下层弦切面，
箭头示气孔中的次生壳单元（TTM 2）；G. 蛋壳锥体层弦切面（IVPP V 16966.1）

产地与层位　河南西峡桑坪石嘴湾（GMC 95SZW-F-1/1-89），上白垩统桑坪组；河南淅川老城周家湾（IVPP V 11571），上白垩统马家村组；浙江天台双塘（GMC T-7, Zhe-3-3, T-5）、桥下（TTM 2）、酒厂（IVPP V 16966.1–4），上白垩统赤城山组一段；浙江天台盆地（ZMNH M8517 D1, M8572, M8517 B, M8517 F, M8535 D2），上白垩统赤城山组。

评注

1. 王强等（2012）在研究浙江天台盆地上白垩统赤城山组出土的恐龙蛋化石时认为，在河南西峡上白垩统桑坪组发现的一类近圆形的蛋化石——石嘴湾副圆形蛋 *Paraspheroolithus shizuiwanensis*（见方晓思等，1998，40 页，图版 XVII，图 5），蛋壳较厚，为 2.8 mm；柱状层下部壳单元成群聚集且具有明显间隙；在靠近蛋壳外表面处由松散排列的次生壳单元组成。除近外表面的部分之外，蛋壳其余部分的特征与二连副圆形蛋（*Paraspheroolithus*）的较为相似。然而，副圆形蛋属的蛋壳平均厚度仅 1.8 mm。相比之下，这些蛋壳结构特征明显更接近于始丰石笋蛋（*Stalicoolithus shifengensis*），但在蛋壳的厚度和锥体层的厚度，以及靠近蛋壳的外表面处次生壳单元的形态上却有明显的区别，应另立为一新蛋属——珊瑚蛋属（*Coralloidoolithus*），考虑到种名命名的优先权原则，将其修订为石嘴湾珊瑚蛋（*Coralloidoolithus shizuiwanensis*），并与石笋蛋属一起组成石笋蛋科。

2. 重新研究赵宏和赵资奎（1998）记述的在河南淅川盆地发现的二连副圆形蛋（相似种）*Paraspheroolithus* cf. *P. irenensis* 蛋壳化石（IVPP V 11571），发现该标本缺失了蛋壳近外表面和近内表面的部分，但其剩余部分的特征与石嘴湾珊瑚蛋蛋壳的柱状层中间部分完全一致，可以认为，*Paraspheroolithus* cf. *P. irenensis* 应为 *Coralloidoolithus shizuiwanensis* 的同物异名。

3. 王强等（2012）认为，发现于浙江天台盆地、被鉴定为石嘴湾副圆形蛋（相似种）（*Paraspheroolithus* cf. *P. shizuiwanensis*）（方晓思等，2000，109 页，图版 I，图 9–11）的标本，其蛋壳显微结构特征与石嘴湾珊瑚蛋的非常相似；被鉴定为赤城山长形蛋 *Elongatoolithus chichengshanensis*（方晓思等，2003，517 页，图版 I，图 6, 7）的蛋壳，其显微结构明显不具有长形蛋类的特征，而也与石嘴湾珊瑚蛋的十分相似。因此，二者均为石嘴湾珊瑚蛋的同物异名。

4. Barta 等（2013）描述了保存于 ZMNH 的一批扁圆形的蛋化石（ZMNH M8517 D1, M8572, M8517 B, M8517 F, M8535 D2），认为其蛋壳显微结构与 *Spheroolithus zhangtoucaoensis*（方晓思等，2000，109 页，图版 I，图 15–17；方晓思等，2003，517 页，图版 II，图 4–6）很相似，所以将其命名为 *Spheroolithus* cf. *S. zhangtoucaoensis*。然而无论是 *Spheroolithus zhangtoucaoensis* 还是该文描述的标本，蛋壳都保存得很不完整，只保留了锥体层和柱状层下部。该文描述的标本在锥体形态及排列方式、生长纹的排列方式以及正交偏光镜下蛋壳的消光模式上都与石嘴湾珊瑚蛋蛋壳的锥体层及柱状层下部的特征一致，因此 *Spheroolithus* cf. *zhangtoucaoensis* 为石嘴湾珊瑚蛋的同物异名。*Spheroolithus zhangtoucaoensis* 已被修订为 *Mosaicoolithus zhangtoucaoensis*（见本志书 152 页）。

始兴蛋属 Oogenus *Shixingoolithus* Zhao, Ye, Li, Zhao et Yan, 1991

模式蛋种 *Shixingoolithus erbeni* Zhao, Ye, Li, Zhao et Yan, 1991

鉴别特征 蛋化石近圆形，长径为 105–125 mm，短径为 99–123 mm。蛋壳厚度为 2.30–2.60 mm。锥体粗壮，呈柱状，锥体间隙发育，锥体层约占蛋壳厚度的 1/4。柱状层中方解石微晶的菱形解理特别发育，近锥体层处及中部均匀分布着密集的生长纹，近外表面处色浅，生长纹不明显，具平行于蛋壳内外表面的暗色条带。

中国已知蛋种 仅模式蛋种。

分布与时代 广东、河南、新疆，晚白垩世。

艾氏始兴蛋 *Shixingoolithus erbeni* Zhao, Ye, Li, Zhao et Yan, 1991
（图 61，图 62）

Ovaloolithus sangpingensis：方晓思等，1998，42 页，图版 XVII，图 1–4；方晓思等，2007a，99 页；
  方晓思等，2007b，137 页；王德有等，2008，32 页；方晓思等，2009b，531 页

Lanceoloolithus xiapingensis：方晓思等，2009a，176 页，图 6，图 13，下 a；方晓思等，2009b，
  527 页，图 4

Lanceoloolithus junggarensis：方晓思等，2009b，527 页，图 5

正模 SXM No. 901，33 枚蛋化石组成的一个蛋窝。

模式产地 广东始兴马市陆源。

归入标本 SXM SB 01，34 枚蛋化石组成的一个蛋窝；IVPP 94MNZH 15：4，1 枚破损的蛋化石；GMC 070310-XP（08pm-22-1, 04shx-3），蛋壳径切面镜检薄片；GMC 95HS-F-1/1-76, 95SZW-F-4/1-99，椭圆形的蛋化石；GMC 0709HJ-n1-a，蛋壳径切面镜检薄片。

鉴别特征 同蛋属。

产地与层位 广东始兴马市陆源（SXM No. 901, SN 16），上白垩统坪岭组；广东茂名（94MNZH 15：4），上白垩统铜鼓岭组；广东南雄（GMC 070310-XP），上白垩统园圃组；河南西峡桑坪黄沙（GMC 95HS-F-1/1-76）和石嘴湾（GMC 95SZW-F-4/1-99），上白垩统桑坪组；新疆准噶尔盆地三个泉（GMC 0709HJ-n1-a），上白垩统乌伦古河组。

评注

1. 王强等（2012）在描述浙江天台盆地上白垩统赤城山组发现的石笋蛋类化石

A

10 cm

B

10 cm

图 61　艾氏始兴蛋 *Shixingoolithus erbeni*
A. 正模（SXM No. 901）；B. 归入标本（SXM SB01）

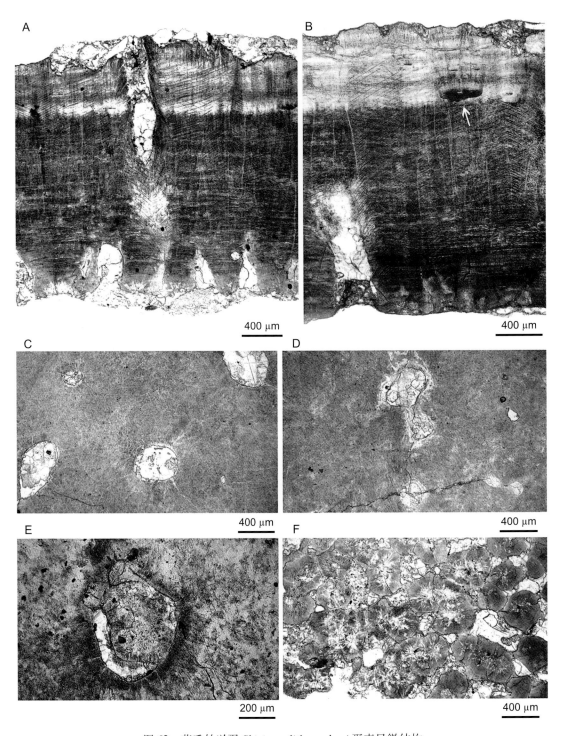

图 62　艾氏始兴蛋 *Shixingoolithus erbeni* 蛋壳显微结构

正模（SXM No. 901）：A. 蛋壳径切面；B. 蛋壳径切面，箭头示次生壳单元；C. 蛋壳近外表面弦切面；
D. 蛋壳中部弦切面；E. 气孔局部放大，示气孔中发育的次生壳单元；F. 锥体层弦切面，示圆形或椭圆
形的锥体

时，重新观察了赵资奎等（1991）记述的广东南雄盆地上白垩统坪岭组发现的艾氏始兴蛋（*Shixingoolithus erbeni*），认为其蛋壳显微结构特征与 *Stalicoolithus shifengensis* 和 *Coralloidoolithus shizuiwanensis* 的比较相似，只是其柱状层外层次生壳单元不像后二者那么发育，并且其蛋壳厚度为 2.30–2.60 mm。因此，应将其从圆形蛋科分离出来，归入石笋蛋科。

2. 方晓思等（1998）记述的河南西峡出土的桑坪椭圆形蛋（*Ovaloolithus sangpingensis*），其蛋壳锥体为柱状，间隙发育，柱状层近外表面颜色较浅，并具暗色条带，与 *Shixingoolithus erbeni* 的特征非常一致，应为 *Shixingoolithus erbeni* 的晚出同物异名。

3. 方晓思等（2009a, b）建立的披针蛋属（*Lanceoloolithus*），其特征为"蛋壳棱柱层由垂直分布的披针状鳞片组成"，这种大体垂直于蛋壳表面的条纹在始兴蛋的蛋壳径切面上表现得非常明显。在披针蛋属的 3 个蛋种中，黄塘披针蛋（*L. huangtangensis*）已被修订为 *Elongatoolithus andrewsi* 的晚出同物异名（见本志书 26 页）；根据作者提供的蛋壳径切面照片（GMC 070310-XP）可以看出，下坪披针蛋（*L. xiapingensis*）的蛋壳保存不完整，靠近蛋壳的内外表面的部分均已被风化掉了，保存下来的蛋壳具有柱状的锥体、发达的锥体间隙及与之相通的气孔道，柱状层上部颜色较浅，生长纹不发育，这些特征均与 *Shixingoolithus erbeni* 的完全一致；产自新疆准噶尔盆地三个泉上白垩统乌伦古河组的准噶尔披针蛋（*L. junggarensis*）的蛋壳保存也不完整，但比 *L. xiapingensis* 的稍好一些，蛋壳也相对较厚，柱状层中部密集的生长纹及靠近蛋壳外表面处的浅色层都显示与 *S. erbeni* 蛋壳的中间部分非常相似。综上所述，可以认为 *L. xiapingensis* 和 *L. junggarensis* 应为 *S. erbeni* 的晚出同物异名。由于 *Lanceoloolithus* 及其所属的 3 个蛋种都可以归入早先建立的其他蛋种之中，所以 *Lanceoloolithus* 应为无效名称。此外，方晓思等（2009a）在讨论"羽片蛋类的同种多态现象"时展示了 *L. xiapingensis*（现修订为 *S. erbeni*）"保存锥体层及部分柱状层"的情况（见方晓思等，2009a，181 页，图 13 下 b），该照片实际上是大圆蛋科坪岭叠层蛋（*Stromatoolithus pinglingensis*）的蛋壳径切面（见本志书 61 页）。

树枝蛋科 Oofamily Dendroolithidae Zhao et Li, 1988

模式蛋属 *Dendroolithus* Zhao et Li, 1988

概述 树枝蛋科为一类近于圆形、扁圆形的蛋化石，因其蛋壳的壳单元具有树枝状分枝而得名。树枝蛋科（Dendroolithidae）和树枝蛋属（*Dendroolithus*）是赵资奎和黎作骢（1988）根据在湖北安陆王店发现的蛋化石建立的。随后，Mikhailov（1991）和 Sabath（1991）也相继报告在蒙古发现了树枝蛋化石材料。在此基础上，Mikhailov（1994b）建立了两个新蛋种——*Dendroolithus verrucarius* 和 *Dendroolithus microporosus*（Mikhailov, 1994b, 1997; Mikhailov et al., 1994），但是王强等（2012）认为，从这些作者提供的插图看（见 Mikhailov, 1991, pl. 24, fig. 7; Sabath, 1991, pl. 12, fig. 1b; Mikhailov et al., 1994, figs. 7.5E, 7.6D; Mikhailov, 1997, text-fig. 19D, H），这两个蛋种的蛋壳显微结构特征是壳单元的柱体不具树枝状分枝，排列比较致密，不属于树枝蛋科的成员，而应该归入石笋蛋科（Stalicoolithidae）。

20 世纪 90 年代，在我国河南西峡、淅川，湖北郧县一带也发现了大量树枝蛋类化石。方晓思等（1998）记述了河南西峡发现的树枝蛋属的 4 个新蛋种——分叉树枝蛋（*D. furcatus*）、树枝树枝蛋（*D. dendriticus*）、三里庙树枝蛋（*D. sanlimiaoensis*）和赵营树枝蛋（*D. zhaoyingensis*）；赵宏和赵资奎（1998）记述了分别发现于河南淅川盆地上白垩统高沟组和马家村组的淅川树枝蛋（*D. xichuanensis*）和新蛋属、蛋种——滔河扁圆蛋（*Placoolithus taohensis*）；周修高等（1998）根据湖北郧县青龙山地区发现的蛋化石建立了一新蛋属、蛋种——青龙山似树枝蛋（*Paradendroolithus qinglongshanensis*），以及树枝蛋属的两个新蛋种——土庙岭树枝蛋（*D. tumiaolingensis*）和红寨子树枝蛋（*D. hongzhaiziensis*）；方晓思等（2000）报道在浙江天台盆地发现树枝树枝蛋（相似种）*Dendroolithus* cf. *D. dendriticus*。此后，再没有关于树枝蛋类新成员的报道。

鉴别特征 蛋化石为近圆形或扁圆形，外表面光滑。蛋壳径切面显示壳单元具有树枝状分枝，壳单元之间具发达的不规则形状的气孔道，近外表面处壳单元相互融合而形成均匀致密的薄层。近蛋壳内表面的弦切面上壳单元为圆形、椭圆形或不规则形，常由 4–5 个壳单元相互连接形成一个圆形的气孔。近外表面处蛋壳为蜂窝状结构，再向外气孔大多数封闭，仅有少数在外表面有开口。

中国已知蛋属 *Dendroolithus, Placoolithus, Paradendroolithus*?，共 3 个蛋属。

分布与时代 湖北、河南、浙江，晚白垩世。

树枝蛋属 Oogenus *Dendroolithus* Zhao et Li, 1988

模式蛋种 *Dendroolithus wangdianensis* Zhao et Li, 1988

鉴别特征 蛋化石近圆形或扁圆形，壳单元多呈对称二叉分枝或为长柱状，常见次生壳单元，近外表面融合层的厚度约占蛋壳总厚的 1/4。

中国已知蛋种 *Dendroolithus wangdianensis, D. xichuanensis, D. furcatus*?, *D. sanlimiaoensis*?, *D. dendriticus*?, *Dendroolithus* cf. *dendriticus*?, *D. hongzhaiziensis*?, *D. tumiaolingensis*，共 8 个蛋种。

分布与时代 湖北、河南、浙江，晚白垩世。

评注 发现于浙江天台的国清寺树枝蛋（方晓思等，2000）和双塘树枝蛋（方晓思等，2003）已分别被归入蜂窝蛋科的副蜂窝蛋属和似蜂窝蛋科的似蜂窝蛋属（王强等，2011）（见本志书 121 页和 127 页）；发现于广东河源的风光村树枝蛋（方晓思等，2005）也属于蜂窝蛋科的副蜂窝蛋属（见本志书 123 页）。

根据我们的观察，在树枝蛋类中，同一蛋窝中的不同蛋化石、甚至同一枚蛋化石的不同部位，其蛋壳壳单元的形状、大小及其排列方式都有很大变异。方晓思等（1998）描述的4个新蛋种中，从提供的蛋壳径切面照片来看，虽然分叉树枝蛋、树枝树枝蛋和三里庙树枝蛋这3个蛋种的蛋壳径切面的显微结构都有所不同，但这些差异并不能充分说明这3种蛋化石能够分别代表不同的蛋种，也难以分析它们与王店树枝蛋之间的关系。此外分叉树枝蛋和三里庙树枝蛋的蛋壳均保存得不完整，所以它们的分类地位实际上是无法确定的，因此在这里修订为存疑蛋种。赵营树枝蛋为树枝？树枝蛋的同物异名（见本志书 104 页）。出于同样的原因，发现于浙江省天台盆地的树枝树枝蛋（相似种）也修订为存疑蛋种。

周修高等 (1998) 记述的湖北郧县发现的土庙岭树枝蛋和红寨子树枝蛋，在蛋的形状、大小和蛋壳厚度上均比较接近，仅从该文的描述及提供的蛋壳径切面照片看，只能确定它们的一些共同特征未见于其他已知的树枝蛋属成员，所以可以作为树枝蛋属的独立蛋种，但是不能确定它们是否为两个不同的蛋种，因此将后描述的红寨子树枝蛋修订为存疑蛋种。

王店树枝蛋 *Dendroolithus wangdianensis* Zhao et Li, 1988

（图 63 — 图 66）

正模　IVPP RV88003. 1–6（湖北区测队标本编号 A_1, A_2, A_3, A_5, A_9, A_{10}），6 枚比较完

3 cm

图 63　王店树枝蛋 *Dendroolithus wangdianensis*
正模，A–F 分别为 IVPP RV88003.1–6

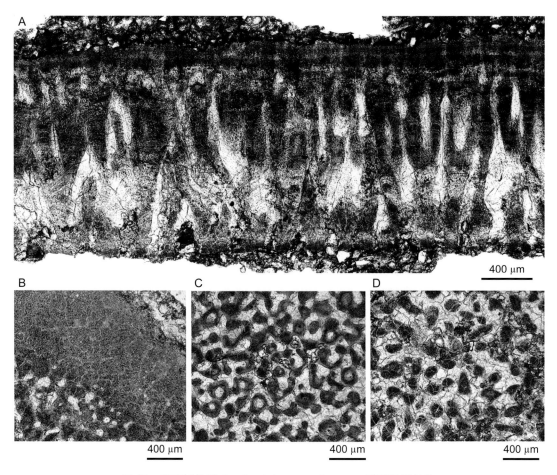

图 64 王店树枝蛋 *Dendroolithus wangdianensis* 蛋壳显微结构

A. 蛋壳径切面（IVPP RV88003.7）；B. 蛋壳近外表面弦切面（IVPP RV88003.6）；C. 蛋壳中部弦切面（IVPP RV88003.6）；D. 蛋壳近内表面弦切面（IVPP RV88003.7）

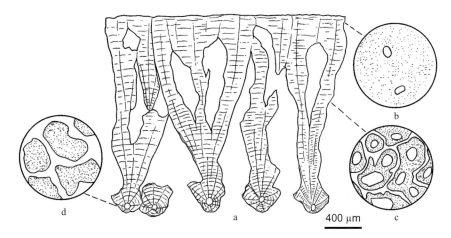

图 65 王店树枝蛋 *Dendroolithus wangdianensis* 蛋壳显微结构示意图

a. 蛋壳径切面；b. 蛋壳近外表面弦切面；c. 蛋壳中部弦切面；d. 蛋壳近内表面弦切面

图 66　王店树枝蛋 *Dendroolithus wangdianensis* 蛋壳径切面（SEM）

整的蛋化石。

副模　IVPP RV88003.7（湖北区测队标本编号 A_4, A_6, A_7, A_8, A_{11}），4 个较完整和 1 个残破的蛋化石。

模式产地　湖北安陆王店。

归入标本　CUGW HYQ11，1 枚比较完整的蛋化石。

鉴别特征　蛋化石扁圆形，长径 145–162 mm，赤道面长轴 110–130 mm，形状指数平均 78.1。蛋壳厚度 1.70–2.10 mm，大多数壳单元在中部出现对称的二叉分枝或呈柱状，在近外表面相互融合，融合层厚度约占蛋壳总厚的 1/4。

产地与层位　湖北安陆王店（IVPP RV88003.1–7），上白垩统公安寨组下部；湖北郧县青龙山南坡（CUGW HYQ11），上白垩统高沟组。

淅川树枝蛋 *Dendroolithus xichuanensis* Zhao et Zhao, 1998

（图 67）

众模 IVPP V 11570，碎蛋壳若干。

模式产地 河南淅川大石桥赵家沟。

鉴别特征 蛋壳厚度 1.50–1.70 mm，壳单元排列松散，呈柱状或具有较不规则的分枝：第一次分枝接近锥体，其中一个侧枝往往继续分枝。壳单元在近蛋壳外表面处相互融合，融合层较薄，约占蛋壳总厚的 1/5。

产地与层位 河南淅川大石桥赵家沟，上白垩统高沟组。

分叉？树枝蛋 *Dendroolithus furcatus*? Fang, Lu, Cheng, Zou, Pang, Wang, Chen, Yin, Wang, Liu, Xie et Jin, 1998

材料 GMC 93084/1-24，蛋壳径切面镜检薄片 1 片。

标本描述 蛋化石近于圆形，长径 141 mm，赤道直径 128 mm，形状指数 90.8。壳厚近 1 mm，壳单元排列较松散，在蛋壳中部出现 2–4 个分枝。近蛋壳外表面处壳单元进一步出现 2–3 个分枝，各分枝排列紧密，并有相互融合的趋势（见方晓思等，1998，图版 XVIII，图 7）。

产地与层位 河南西峡阳城张堂，上白垩统走马岗组。

三里庙？树枝蛋 *Dendroolithus sanlimiaoensis*? Fang, Lu, Cheng, Zou, Pang, Wang, Chen, Yin, Wang, Liu, Xie et Jin, 1998

材料 GMC 95SLM-F-1/1-82，蛋壳径切面镜检薄片 1 片。

标本描述 蛋化石扁圆形，长径 97 mm；赤道面椭圆形，长轴 152 mm，短轴 126 mm。蛋壳厚 1 mm，壳单元排列较紧密，呈柱状，或在蛋壳中部分为两枝。近蛋壳外表面处壳单元膨大且相互融合，融合层厚度约占壳厚的 1/7（见方晓思等，1998，图版 XVIII，图 3）。

产地与层位 河南西峡阳城三里庙，上白垩统赵营组。

树枝？树枝蛋 *Dendroolithus dendriticus*? Fang, Lu, Cheng, Zou, Pang, Wang, Chen, Yin, Wang, Liu, Xie et Jin, 1998

Dendroolithus zhaoyingensis：方晓思等，1998，44 页，图版 XVII，图 11；周世全等，2001a，98 页；

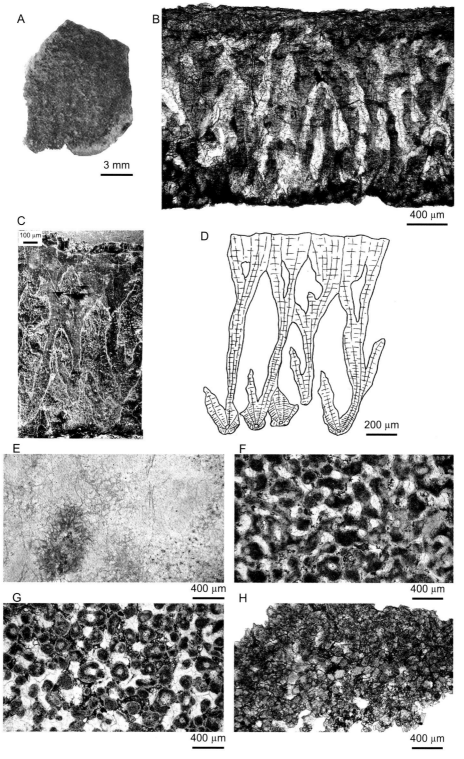

图 67　淅川树枝蛋 *Dendroolithus xichuanensis*

A. 蛋壳碎片（IVPP V 11570）；B. 蛋壳径切面；C. 蛋壳径切面（SEM）；D. 蛋壳径切面显微结构素描图（参照扫描电镜照片）；E. 近蛋壳外表面融合层弦切面；F. 蛋壳中上部弦切面；G. 蛋壳中下部弦切面；H. 近蛋壳内表面弦切面

周世全等，2001b，364 页；周世全、冯祖杰，2002，69 页；方晓思等，2007a，101 页；方晓思等，2007b，132 页；王德有等，2008，33 页；方晓思等，2009b，530 页

材料 GMC 95XP-F-1/2-12, 93134/1-39, 93002-1/1-1，蛋壳径切面镜检薄片。

标本描述 蛋化石近于扁圆形，赤道面椭圆形，长轴 140 mm，短轴 133 mm。蛋壳厚约 1.5 mm，壳单元排列松散，生长纹明显，常形成对称或不对称的二叉分枝。近蛋壳外表面处壳单元相互融合，融合层厚度约占蛋壳厚度的 1/6–1/5（见方晓思等，1998，图版 XVIII，图 8–10）。

产地与层位 河南西峡西坪（GMC 95XP-F-1/2-12, 93134/1-39），上白垩统走马岗组；河南西峡赵营（GMC 93002-1/1-1），上白垩统赵营组。

评注 方晓思等（1998）记述的赵营树枝蛋（GMC 93002-1/1-1），其大小及蛋壳厚度均与树枝？树枝蛋的非常接近，原文中称二者的区别在于前者的蛋壳外表面"附着 1 层 0.30 mm 厚的方解石层"。其实该方解石层是蛋壳在石化过程中形成的次生方解石，不能作为分类特征，所以这两个蛋种实际并无区别，赵营树枝蛋应为树枝？树枝蛋的同物异名。

树枝？树枝蛋（相似种）*Dendroolithus* cf. *D. dendriticus*? Fang, Wang et Jiang, 2000

材料 GMC Zhe-5-4，蛋壳径切面镜检薄片；一窝 12 个以上扁圆形的蛋化石（没有编号），保存于天台县地质矿产局。

标本描述 蛋化石长径 60 mm，赤道面长轴 130–140 mm，蛋壳厚度约 1 mm。蛋壳外表面粗糙，径切面上生长纹发育，壳单元呈楔形，并在蛋壳中部出现分叉，近外表面处壳单元相互融合（见方晓思等，2000，图版 I，图 18–20）。

产地与层位 浙江天台张头槽，上白垩统赤城山组一段。

评注 方晓思等（2000）记述的这个蛋种，蛋壳比较薄，壳单元也较粗短，与 *Dendroolithus dendriticus*? 的蛋壳显微结构差异很大，也不像其他任何已知的树枝蛋类，从作者提供的图版来看，还不能确定它是否为一个新的蛋种。

土庙岭树枝蛋 *Dendroolithus tumiaolingensis* Zhou, Ren, Xu et Guan, 1998

正模 CUGW HYH111，馆藏号 Y02103-02，1 枚基本完整的蛋化石。

副模 CUGW HYH1331–HTH1337，一窝 7 枚蛋化石，其中一枚较完整，另外六枚有不同程度的破损。

模式产地 湖北郧县李家沟红寨子。

鉴别特征 蛋化石扁圆形，长径 112–119 mm，赤道面长轴 142–165 mm，形状指数

平均 133。在蛋窝内两两靠近，但整体排列得不规则。蛋壳厚 1.84–2.04 mm，壳单元排列较松散，每个壳单元有 2–4 个分枝。近蛋壳外表面处壳单元形成融合层，其厚度约占壳厚的 1/6（见周修高等，1998，图版 I，图 10, 11）。

产地与层位　湖北郧县李家沟红寨子（CUGW HYH111）、贺家沟土庙岭（CUGW HYH1331–HTH1337），上白垩统高沟组。

红寨子？树枝蛋 *Dendroolithus hongzhaiziensis*? Zhou, Ren, Xu et Guan, 1998

材料　CUGW HOZ11，馆藏号 Y02101-01，1 枚基本完整的蛋化石。

标本描述　蛋化石扁圆形，长径 104 mm，赤道面长轴 140 mm，形状指数 135。蛋壳厚 1.40–2.24 mm，壳单元排列紧密，常呈对称的二叉分枝，或在蛋壳下部形成小的侧枝，有些壳单元在近蛋壳外表面处进一步分为两枝。壳单元所有的分枝在近外表面处相互融合，融合层厚度约占壳厚的 1/9–1/5（见周修高等，1998，图版 I，图 1–9）。

产地与层位　湖北省郧县李家沟红寨子，上白垩统高沟组。

似树枝蛋属？ Oogenus *Paradendroolithus*? Zhou, Ren, Xu et Guan, 1998

模式蛋种　?*Paradendroolithus qinglongshanensis* Zhou, Ren, Xu et Guan, 1998

鉴别特征　蛋化石卵圆形，长径约 150 mm，赤道直径 135–145 mm，形状指数平均 93.3。蛋壳厚 2.30–2.38 mm，壳单元在近蛋壳内表面处即呈束状分枝，每个壳单元常有 2–3 个分枝。各分枝排列紧密，在近蛋壳外表面处相互融合，融合层厚度约占壳厚的 1/10（见周修高等，1998，图版 II，图 3–6）。

中国已知蛋种　仅模式蛋种。

分布与时代　湖北，晚白垩世。

?青龙山似树枝蛋 ?*Paradendroolithus qinglongshanensis* Zhou, Ren, Xu et Guan, 1998

材料　CUGW HYQB811–HYQB813，保存完整程度不同的 3 枚蛋化石。

鉴别特征　同蛋属。

产地与层位　湖北郧县青龙山北坡，上白垩统高沟组。

评注　由于现在我们发现在同一产地出土的恐龙蛋窝中，同一蛋窝内不同蛋化石的蛋壳径切面显微结构有的类似青龙山似树枝蛋，有的类似土庙岭树枝蛋，即壳单元的束状分枝不是一个稳定的特征，所以暂不能确认青龙山似树枝蛋与土庙岭树枝蛋是否为不同的蛋种。相应地，也不能确定青龙山似树枝蛋所代表的似树枝蛋属能否成为一个独立的蛋属。

扁圆蛋属 Oogenus *Placoolithus* Zhao et Zhao, 1998

模式蛋种 *Placoolithus taohensis* Zhao et Zhao, 1998

鉴别特征 蛋化石扁圆形，在蛋窝中上下重叠，排列不规则，赤道面长轴 120–134 mm，短轴 118–130 mm。蛋壳厚 1.70–1.90 mm，径切面上壳单元排列较松散，为长柱状或多呈不对称的二叉分枝，部分壳单元较粗壮的一枝还会进一步分裂为两枝，几乎不见次生壳单元。壳单元在近外表面处融合，融合层的厚度约占蛋壳总厚的 1/5。

中国已知蛋种 仅模式蛋种。

分布与时代 河南，晚白垩世。

滔河扁圆蛋 *Placoolithus taohensis* Zhao et Zhao, 1998
（图 68，图 69）

Placoolithus cf. *P. taohensis*：赵资奎，1979a，337 页；薛祥煦等，1996，95 页

Dendroolithus sp.：Zhao, 1993, p. 202, fig. 12

正模 IVPP V 11569.1，一窝共 9 枚蛋化石。

副模 IVPP V 11569.2，一窝共 5 枚蛋化石；IVPP V 11569. 3–5，两枚单个的蛋及 84 片碎蛋壳。

5 cm

图 68 滔河扁圆蛋 *Placoolithus taohensis* 正模（IVPP V 11569.1）

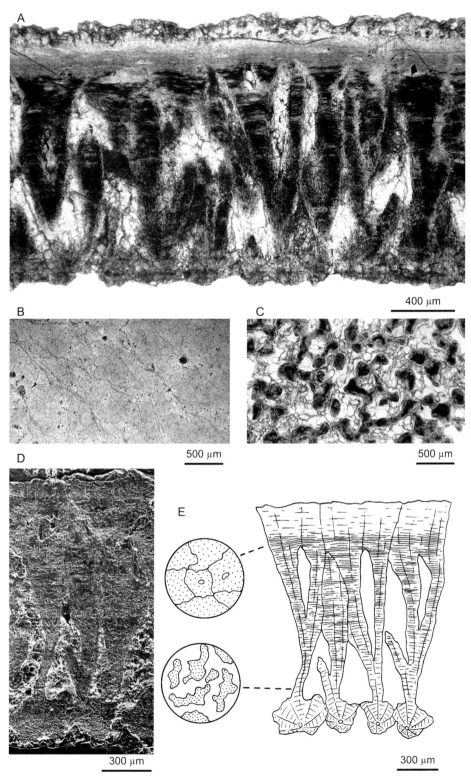

图 69 滔河扁圆蛋 *Placoolithus taohensis* 蛋壳显微结构

A. 蛋壳径切面；B. 蛋壳近外表面弦切面；C. 蛋壳中部弦切面；D. 蛋壳径切面（SEM）；E. 蛋壳显微结构素描图

模式产地 河南淅川滔河马家村。

鉴别特征 同蛋属。

产地与层位 河南淅川滔河马家村，上白垩统马家村组下部。

评注 河南省地质局地质十二队区研组（1974）在内部刊物《河南地质科技情报》（67–70页）对该蛋种作了初步描述并命名为"滔河圆形蛋"，但没有给出正式拉丁学名。赵资奎（1979a）认为该蛋种可代表一新的蛋属，并给予 *Placoolithus* cf. *taohensis* 一名，但没有正式描述。Zhao（1993）将该蛋种又称为 *Dendroolithus* sp.，而周世全和韩世敬（1993）已引用了 *Placoolithus taohensis* 一名。直到1998年赵宏和赵资奎才正式建立了扁圆蛋属（*Placoolithus*）和滔河扁圆蛋（*Placoolithus taohensis*）。

蜂窝蛋科 Oofamily Faveoloolithidae Zhao et Ding, 1976

模式蛋属 *Faveoloolithus* Zhao et Ding, 1976

概述 蜂窝蛋科（Faveoloolithidae）是1976年赵资奎、丁尚仁根据在内蒙古阿拉善左旗巴音乌拉山查汗敖包发现的 *Faveoloolithus ningxiaensis* 标本而建立的一个分类单元，其主要特征是蛋壳气孔道呈蜂窝状分布。该类蛋化石最早发现于蒙古北戈壁的 Ologoy-Ulan-Tsav 高地白垩系的红色砂砾层中，Sochava（1969）将其命名为多气孔蛋壳类型（multicanaliculate type）。1979年，赵资奎又根据在河南内乡夏馆盆地发现的一窝椭圆形的蛋化石建立了杨氏蛋属（*Youngoolithus*）。

此后，在我国河南的淅川、西峡（张玉光、李奎，1998；周世全、韩世敬，1993）和五里川（周世全、冯祖杰，2002）等地，浙江金衢、天台（张玉光、李奎，1998）和永康盆地（俞云文等，2003）以及湖北郧县的青龙山地区（关康年等，1997；周修高等，1998）均发现了蜂窝蛋化石。然而只有在河南西峡发现的一些蛋化石被正式命名为西坪杨氏蛋（*Youngoolithus xipingensis*）（方晓思等，1998；方晓思等，2007a）。其他的蛋化石大多被鉴定为蜂窝蛋属的成员，并未建立蛋种名；有的蛋化石只是被归为蜂窝蛋科。

张蜀康（2010）在对中国白垩纪的蜂窝蛋化石进行修订时，根据浙江天台盆地发现的蛋化石建立了一新的蛋属——副蜂窝蛋属（*Parafaveoloolithus*），并认为应将 *Youngoolithus* 从蜂窝蛋科中分离出来，另立为一新的蛋科——杨氏蛋科（Youngoolithidae）。王强等（2011）研究了浙江天台盆地发现的新材料，建立了另一新蛋属——半蜂窝蛋属（*Hemifaveoloolithus*），并将其归并入蜂窝蛋科。至此蜂窝蛋科包括 *Faveoloolithus*，*Parafaveoloolithus* 和 *Hemifaveoloolithus* 共3个蛋属。

此外，在蒙古的 Khermiyn-Tsav、Ikh-Shunkht（Mikhailov et al.，1994）和韩国南部的宝城也发现了成窝保存的蜂窝蛋（Huh et Zelenitsky，2002）。它们的年代一般被认为是晚白垩世。最近，在南美洲阿根廷 La Rioja 省的 Sanagesta 也发现了几窝保存完好的蜂窝蛋类化石，时代为早白垩世（Grellet-Tinner et Fiorelli, 2010; Grellet-Tinner et al., 2012）。

鉴别特征 蛋化石为圆形或近圆形，蛋壳外表面光滑。蛋壳的径切面和弦切面显示为蜂窝状结构。蛋壳常由一层壳单元组成，局部可见 2–3 个重叠生长的壳单元，气孔道众多，较直且少分枝，每个气孔道由 4–5 个壳单元围合而成。

中国已知蛋属 *Faveoloolithus*, *Parafaveoloolithus*, *Hemifaveoloolithus*，共 3 个蛋属。

分布与时代 内蒙古、河南、浙江，白垩纪或晚白垩世；蒙古、韩国，晚白垩世；阿根廷，早白垩世。

蜂窝蛋属 Oogenus *Faveoloolithus* Zhao et Ding, 1976

模式蛋种 *Faveoloolithus ningxiaensis* Zhao et Ding, 1976

鉴别特征 蛋化石近圆形，在蛋窝中均匀分布，排列方式无规律。蛋化石长径 130.8–143.7 mm，平均 133.6 mm；赤道直径 117.6–127.9 mm，平均 120.3 mm，形状指数平均 92.7。蛋壳厚 1.20–1.54 mm，平均 1.40 mm，由一层壳单元组成，局部可见 2–3 个重叠生长的壳单元。壳单元粗大，呈锥形，生长纹发育，在近内表面处仍组成蜂窝状结构。

中国已知蛋种 仅模式蛋种。

分布与时代 内蒙古，白垩纪。

评注 我国河南西峡和召北盆地发现的一些蛋化石和韩国宝城发现的一窝蛋化石都被归入 *Faveoloolithus*，但并未建立新的蛋种（周世全、韩世敬，1993；张玉光、李奎，1998；周世全、冯祖杰，2002；Huh et Zelenitsky, 2002）。

宁夏蜂窝蛋 *Faveoloolithus ningxiaensis* Zhao et Ding, 1976

（图 70，图 71）

正模 IVPP V 4709，由 8 个比较完整和 3 个残破的蛋化石组成的一不完整蛋窝。

模式产地 内蒙古阿拉善左旗查汗敖包。

鉴别特征 同蛋属。

产地与层位 内蒙古阿拉善左旗查汗敖包，白垩系。

评注 赵资奎和丁尚仁 1976 年建立该蛋种时，阿拉善左旗属于宁夏回族自治区管辖，故种名为 *ningxiaensis*，代表化石产地。周修高等（1998）将发现于湖北郧县贺家沟村的一枚不完整蛋化石(标本编号 CUGW HYH21)鉴定为宁夏蜂窝蛋，但从提供的蛋壳径切面的照片上仅能见到密集的气孔道，其他的特征均无法分辨，故不能肯定它是否属于该蛋种。

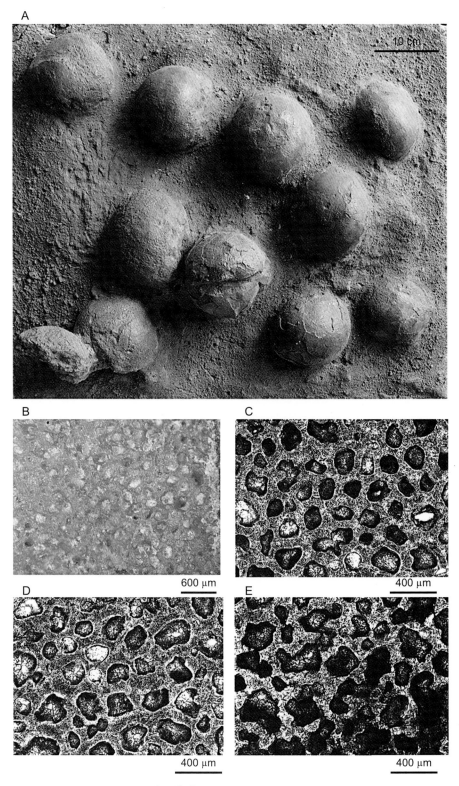

图 70　宁夏蜂窝蛋 *Faveoloolithus ningxiaensis*

正模（IVPP V 4709）：A. 由 8 个比较完整和 3 个残破的蛋化石组成的一不完整蛋窝；B. 蛋壳外表面；
C. 蛋壳近外表面处弦切面；D. 蛋壳中部弦切面；E. 蛋壳近内表面处弦切面

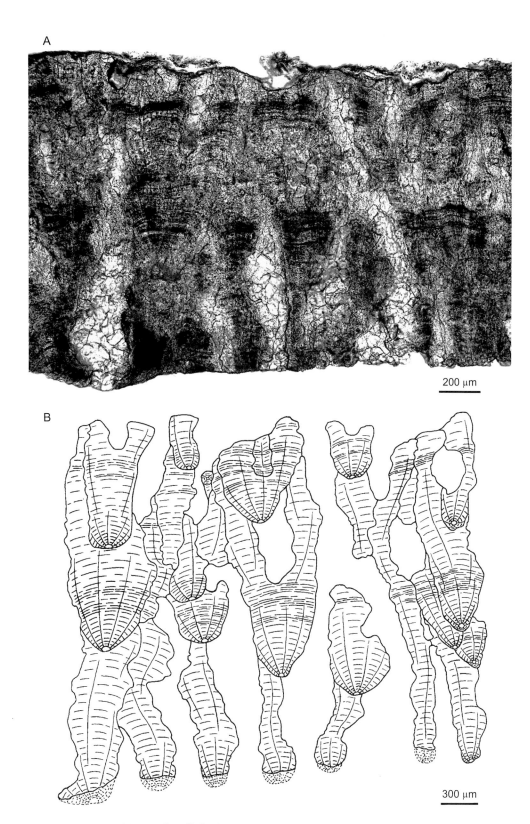

图 71　宁夏蜂窝蛋 *Faveoloolithus ningxiaensis* 蛋壳径切面

正模（IVPP V 4709）：A. 蛋壳径切面，示重叠生长的壳单元；B. 蛋壳径切面显微结构素描图

副蜂窝蛋属 Oogenus *Parafaveoloolithus* Zhang, 2010

模式蛋种 *Parafaveoloolithus microporus* Zhang, 2010

鉴别特征 蛋化石圆形或近圆形。蛋壳常由一层壳单元组成，少数部位由 2–5 个壳单元叠加组成，或有多个壳单元成群聚集。壳单元柱状，生长纹不发育，在近蛋壳内表面处相互分离。壳单元内棱柱体之间界线清晰。

中国已知蛋种 *Parafaveoloolithus microporus*, *P. macroporus*, *P. tiansicunensis*, *P. guoqingsiensis*, *P. pingxiangensis*, *P. xipingensis*, *P. fengguangcunensis*，共 7 个蛋种。

分布与时代 浙江天台、江西萍乡，晚白垩世。

评注

1. 副蜂窝蛋属（*Parafaveoloolithus*）是张蜀康（2010）根据浙江天台盆地出产的蛋化石建立的。邹松林等（2013）根据萍乡副蜂窝蛋（*P. pingxiangensis*）的特征对副蜂窝蛋属的属征进行了修订。该类蛋化石外形较圆，具有直而不分枝的气孔道，与宁夏蜂窝蛋（*Faveoloolithus ningxiaensis*）接近，但壳单元多为长柱状。次生壳单元通常很少见，仅在萍乡副蜂窝蛋中较发育。

2. 在蒙古北戈壁 Ologoy-Ulan-Tsav 高地发现的具"多孔蛋壳"的蛋化石曾被 Mikhailov 等 (1994) 鉴定为宁夏蜂窝蛋，然而根据其蛋壳厚度及径切面显微结构等方面的特征来看，它们应当归入副蜂窝蛋属。尤其是 Sochava (1969) 描述的蛋化石（No 2970/1），蛋的形状接近球形，壳厚为 1.8–2.5 mm，蛋壳的径切面显示壳单元为细长的柱状，在近内表面的弦切面上，壳单元为不规则的块状体；另有一些蛋壳径切面在正交偏光下同样可见长柱状的壳单元及其中细小的锥体 (Sochava, 1971)。另外，方晓思等 (1998) 描述的产自河南西峡的西坪杨氏蛋（*Youngoolithus xipingensis*），也应归于副蜂窝蛋属（张蜀康，2010）。

小孔副蜂窝蛋 *Parafaveoloolithus microporus* Zhang, 2010

（图 72，图 73）

正模 IVPP V 16857.1，1 枚较为完整的蛋化石。

模式产地 浙江天台方山。

归入标本 IVPP V 16857.2，1 枚只保存一半的蛋化石。

鉴别特征 蛋化石近圆形，长径分别为 141.06 mm、149.12 mm，赤道直径为 129.44 mm，形状指数 91.8。蛋壳厚 2.20–2.35 mm，通常由一层长柱状壳单元组成，少数部位由两个壳单元重叠在一起组成。锥体特别细小。气孔道窄且密度大，蛋壳中部气孔直径为 0.06–0.25 mm，密度为 35 个 /mm^2。

产地与层位 浙江天台方山，上白垩统赖家组。

图 72 小孔副蜂窝蛋 *Parafaveoloolithus microporus*
A. 模式标本（IVPP V 16857.1）；B. 归入标本（IVPP V 16857.2）

大孔副蜂窝蛋 *Parafaveoloolithus macroporus* Zhang, 2010

（图 74，图 75）

正模 IVPP V 16858，13 片碎蛋壳。

模式产地 浙江天台方山。

鉴别特征 蛋化石扁圆形，长径为 130 mm、135 mm，赤道长轴为 100 mm，形状指数分别为 74 和 76。蛋壳厚 1.85–1.90 mm，通常由一层长柱状壳单元组成，少数部位由两个壳单元重叠而成，锥体较发达，呈锥状。气孔较粗，直径为 0.04–0.64 mm，平均 0.24 mm，在蛋壳中部弦切面上形态多不规则，密度为 12 个 /mm²。

产地与层位 浙江天台方山，上白垩统赖家组。

评注 这 13 块蛋壳碎片取自一个严重风化的蛋窝。这个蛋窝中比较清楚的蛋化石有 4 枚，均为扁圆形。2010 年野外考察时发现该蛋窝已因为流水冲刷而不复存在。

田思村副蜂窝蛋 *Parafaveoloolithus tiansicunensis* Zhang, 2010

（图 76，图 77）

正模 IVPP V 16859，11 片碎蛋壳。

模式产地 浙江天台田思村。

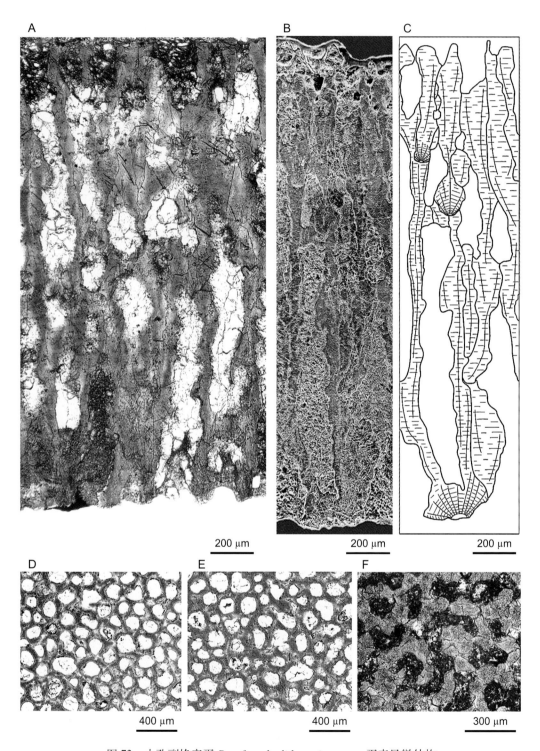

图 73　小孔副蜂窝蛋 *Parafaveoloolithus microporus* 蛋壳显微结构

正模（IVPP V 16857.1）：A. 蛋壳径切面；B, C. 蛋壳径切面（SEM）及其素描图；D. 蛋壳近外表面处弦切面；
E. 蛋壳中部弦切面；F. 蛋壳近内表面处弦切面

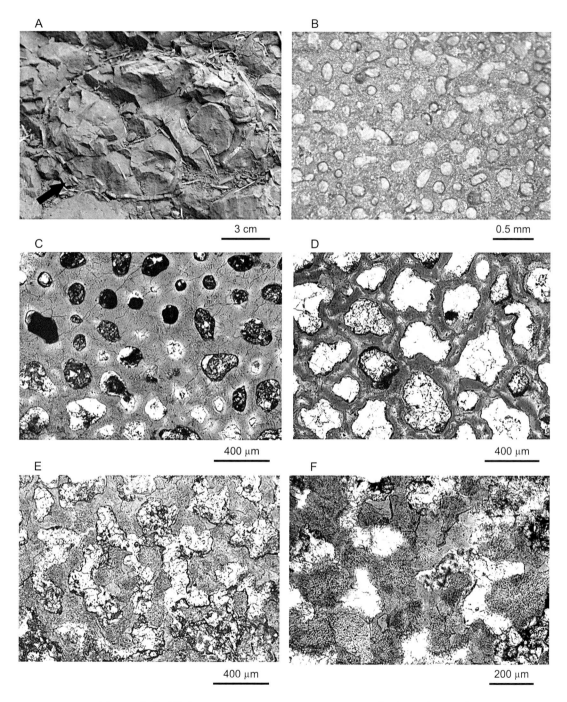

图 74　大孔副蜂窝蛋 *Parafaveoloolithus macroporus* 蛋化石及蛋壳弦切面

正模（IVPP V 16858）：A. 一枚只保存一半的蛋化石（箭头）；B. 蛋壳外表面；C. 蛋壳近外表面处弦切面；
D. 蛋壳中部弦切面；E. 蛋壳近内表面处弦切面；F. 蛋壳近内表面处弦切面局部放大，示不规则形态的壳单元

A

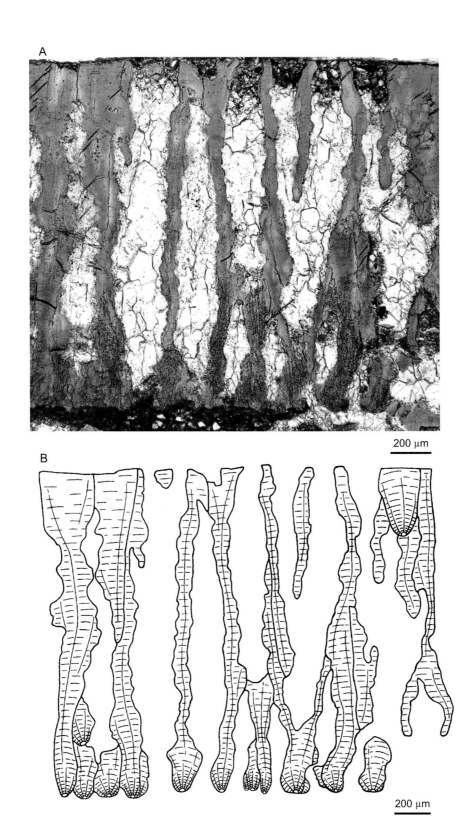

200 μm

B

200 μm

图 75 大孔副蜂窝蛋 *Parafaveoloolithus macroporus* 蛋壳径切面
正模（IVPP V 16858）：A. 蛋壳径切面；B. 蛋壳径切面显微结构素描图

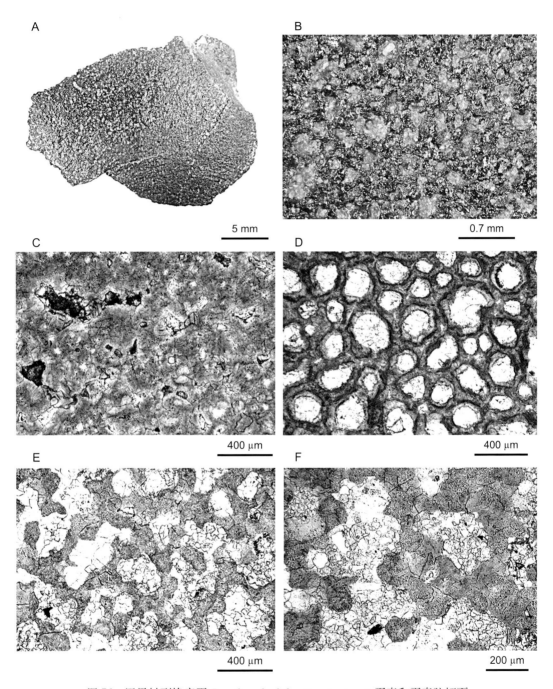

图76 田思村副蜂窝蛋 *Parafaveoloolithus tiansicunensis* 蛋壳和蛋壳弦切面

正模（IVPP V 16859）：A. 蛋壳碎片；B. 蛋壳外表面；C. 蛋壳近外表面处弦切面；D. 蛋壳中部弦切面；
E. 蛋壳近内表面处弦切面；F. 蛋壳近内表面处弦切面局部放大，示形态不规则的壳单元

鉴别特征 蛋壳厚 1.37–1.45 mm，通常由一层柱状壳单元组成，少数部位由 2–3 个壳单元重叠生长而成。气孔道下部膨大，在近蛋壳外表面处明显变窄。蛋壳中部气孔直径为 0.10–0.42 mm，平均 0.21 mm，密度为 17 个 /mm²。

产地与层位 浙江天台田思村，上白垩统赤城山组二段。

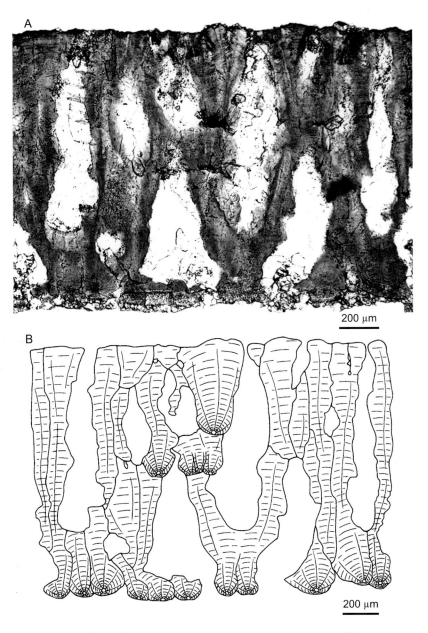

图 77 田思村副蜂窝蛋 *Parafaveoloolithus tiansicunensis* 蛋壳径切面
正模（IVPP V 16859）：A. 蛋壳径切面；B. 蛋壳径切面显微结构素描图

国清寺副蜂窝蛋 *Parafaveoloolithus guoqingsiensis* (Fang et al., 2000) Wang, Zhao, Wang, et Jiang, 2011

（图 78，图 79）

Dendroolithus guoqingsiensis：方晓思等，2000，109 页，图版 I，图 21，22；方晓思等，2003，512 页，

图版 II，图 10，11；钱迈平等，2007，82 页；钱迈平等，2008，249 页；王德有等，2008，33 页；

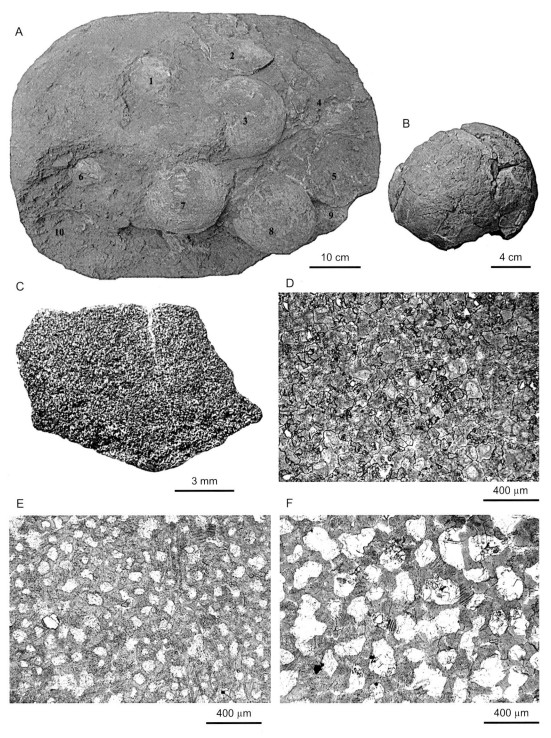

图 78 国清寺副蜂窝蛋 *Parafaveoloolithus guoqingsiensis* 蛋化石和蛋壳弦切面

A. 归入标本 (TTM 12)，10 枚蛋化石组成的不完整蛋窝；B. 归入标本 (IVPP V 16511)，1 枚残破的蛋化石；
C. 蛋壳外表面 (IVPP V 16511)；D. 蛋壳近外表面处弦切面 (IVPP V 16511)；E. 蛋壳中部弦切面 (IVPP
V 16511)；F. 蛋壳近内表面处弦切面 (IVPP V 16511)

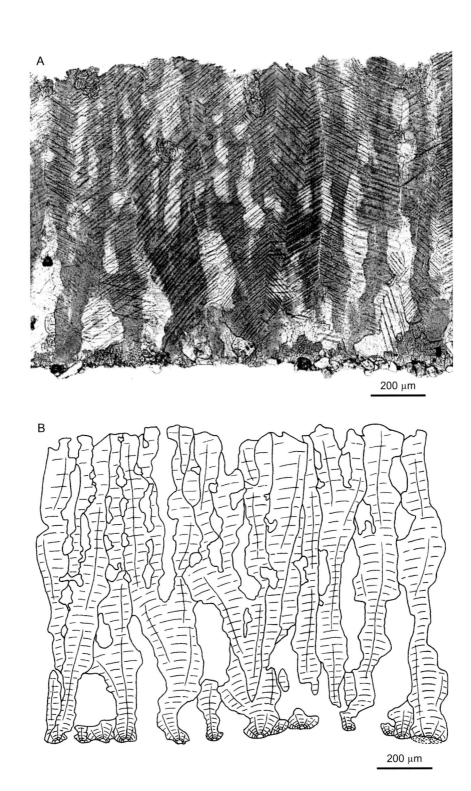

图 79　国清寺副蜂窝蛋 *Parafaveoloolithus guoqingsiensis* 蛋壳径切面
归入标本（IVPP V 16511）：A. 蛋壳径切面；B. 蛋壳径切面显微结构素描图

方晓思等，2009b，533 页

正模　GMC Zhe-9-3，蛋壳径切面镜检薄片 1 片，蛋壳取自一枚近圆形的蛋化石（没有注明标本编号及收藏单位）。

模式产地　浙江天台国清寺。

归入标本　TTM 12，由 10 枚完整程度不同的蛋化石组成的一个不完整蛋窝；IVPP V 16511，一枚残破的蛋化石。

鉴别特征　蛋化石圆形，个体较大，长径平均为 187 mm，赤道直径平均为 177 mm，形状指数为 94.7。蛋壳厚 1.40–1.50 mm，由一层壳单元组成，壳单元在蛋壳中部常分为 2–3 枝。弦切面上气孔直径小且多棱角，蛋壳中部气孔密度很大，为 55–60 个 /mm^2，近蛋壳外表面处壳单元相互融合。

产地与层位　浙江天台国清寺（GMC Zhe-9-3）、木鱼山隧道（TTM 12，IVPP V 16511），上白垩统赤城山组二段。

评注　方晓思等（2000）根据浙江天台国清寺出产的蛋化石标本建立了树枝蛋属一新蛋种 Dendroolithus guoqingsiensis（GMC Zhe-9-3），从蛋壳径切面上看，蛋壳下部壳单元虽然有分枝，但其形态并不像树枝蛋类的那样规则；蛋壳上部壳单元虽然相互融合，但仍有许多气孔道通到蛋壳外表面，这些特征表明该蛋种并不属于树枝蛋类。王强等（2011）在研究了天台盆地的新材料之后发现这类蛋壳的弦切面为蜂窝状，应归入副蜂窝蛋属，并修订为 Parafaveoloolithus guoqingsiensis。

萍乡副蜂窝蛋 *Parafaveoloolithus pingxiangensis* Zou, Wang, et Wang, 2013
（图 80，图 81）

正模　PXMV-0009-01，1 枚保存较完整的蛋化石。

模式产地　江西萍乡庵坡里。

归入标本　IVPP V 18619，多枚破碎蛋壳。

鉴别特征　蛋化石扁圆形，蛋壳外表面光滑。蛋壳由 3–5 个壳单元叠加组成，中、上部见有壳单元成群聚集。蛋壳弦切面上具有蜂窝状结构，蛋壳中部气孔平均密度为 50 个 /mm^2。

产地与层位　江西萍乡庵坡里，上白垩统周田组。

西坪副蜂窝蛋（新组合）*Parafaveoloolithus xipingensis* (Fang et al., 1998) comb. nov.

Youngoolithus xipingensis：方晓思等，1998，46 页，图版 XVIII，图 1, 2, 4, 5；周世全等，2001a，98 页；

图 80 萍乡副蜂窝蛋 *Parafaveoloolithus pingxiangensis* 正模（PXMV-0009-01）

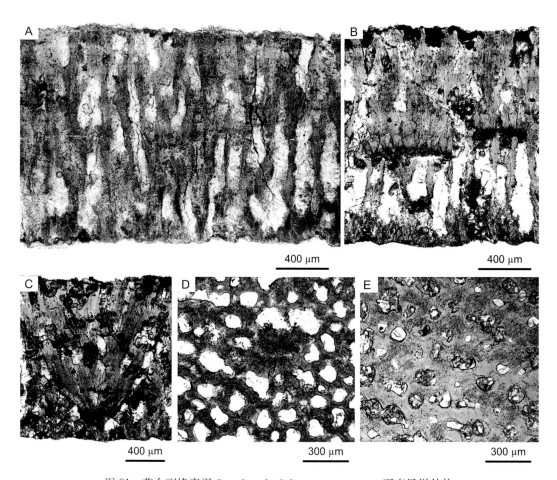

图 81 萍乡副蜂窝蛋 *Parafaveoloolithus pingxiangensis* 蛋壳显微结构

正模（PXMV-0009-01）：A–C. 蛋壳径切面：A. 显示蛋壳由 3–5 个纤细的柱状壳单元叠加一起组成；B. 显示蛋壳中上部出现由 6–10 个以上的壳单元组成的集合体；C. 显示蛋壳局部出现呈放射状排列的壳单元群体；D, E. 蛋壳弦切面：D. 蛋壳中部弦切面，示圆形、椭圆形及不规则气孔组成的蜂窝状结构及聚合的壳单元锥体；E. 蛋壳近外表面弦切面，示圆形、椭圆形或不规则形的气孔，部分气孔相互连通，向外表面方向气孔缩小或消失

周世全等，2001b，364 页；周世全、冯祖杰，2002，69 页；方晓思等，2007a，99 页；方晓思等，2007b，133 页；王德有等，2008，33 页；方晓思等，2009b，530 页

正模 GMC 93127-1/1-37，蛋壳径切面镜检薄片 1 片。

副模 GMC 95GD-F-1/1-72，蛋壳径切面镜检薄片 1 片。

模式产地 河南西峡阳城田沟。

鉴别特征 蛋化石长径 170 mm，赤道直径 143 mm，蛋壳厚 1.7–2.0 mm。蛋壳径切面上壳单元细长，气孔道直且少分枝，密度较大，整体结构呈栅栏状。

产地与层位 河南西峡阳城田沟，上白垩统走马岗组。

评注 原作者描述蛋化石的形状为椭圆形，但没有注明标本编号及其收藏单位；根据所提供的蛋壳径切面显微结构照片（方晓思等，1998，图版 XVIII，图 1, 2, 4, 5）可以看出，该标本气孔道极少分枝，明显不属于杨氏蛋科成员，而与蜂窝蛋科的小孔副蜂窝蛋非常接近，所以被归为副蜂窝蛋属；但蛋体比小孔副蜂窝蛋的大，且偏椭圆，蛋壳较薄，气孔直径相对较大，所以将其修订为 *Parafaveoloolithus xipingensis*。

风光村副蜂窝蛋（新组合）*Parafaveoloolithus fengguangcunensis* (Fang, 2005) comb. nov.

Dendroolithus fengguangcunensis：方晓思等，2005，684 页，图版 I，图 1, 2；王德有等，2008，33 页；方晓思等，2009b，534 页

正模 HYM 05HY-1，蛋壳径切面镜检薄片。

副模 HYM 05HY-2，蛋壳径切面镜检薄片。

模式产地 广东河源城区风光村—三王坝村一带。

鉴别特征 3 窝圆形的蛋化石（其中一窝仍保存在野外，两窝保存于 HYM，没有注明标本编号）。蛋化石直径 150–170 mm，壳厚 1.60 mm。蛋壳外表面光滑，密布气孔道。气孔道有的贯穿蛋壳，有的向蛋壳外表面方向变窄，部分气孔道具分枝。壳单元细长，向蛋壳外表面方向逐渐增粗，在近外表面处有相互融合的趋势。

产地与层位 广东河源城区风光村—三王坝村一带，上白垩统东源组。

评注 从蛋壳径切面显微结构照片上看（方晓思等，2005，图版 I，图 1, 2），该标本的气孔道密集，具有典型的蜂窝蛋科的特征，而不属于树枝蛋科。由于在蛋壳径切面上并未见到次生壳单元，所以应将其归于副蜂窝蛋属。副蜂窝蛋属中气孔道在近蛋壳外表面处变窄的只有田思村副蜂窝蛋和国清寺副蜂窝蛋，而该蛋种的壳单元细长，与田思村副蜂窝蛋粗壮的壳单元和国清寺副蜂窝蛋具分枝的壳单元明显不同，所以将其修订为 *Parafaveoloolithus fengguangcunensis*。

半蜂窝蛋属 Oogenus *Hemifaveoloolithus* Wang, Zhao, Wang et Jiang, 2011

模式蛋种 *Hemifaveoloolithus muyushanensis* Wang, Zhao, Wang et Jiang, 2011

鉴别特征 蛋化石圆形，在蛋窝中无规则地重叠在一起。可测量者长径分别为 130 mm 和 137 mm，赤道直径分别为 120 mm 和 121 mm，形状指数平均 90.3。蛋壳厚 1.60 mm，外表面光滑，径切面上近内表面处的壳单元形态不规则，气孔道发育，弦切面上大多数气孔形态不规则，密度为 40–50 个 /mm²，整体呈蜂窝状结构；径切面上近外表面处的壳单元呈锥形，叠覆生长，气孔道大多被封闭。

中国已知蛋种 仅模式蛋种。

分布与时代 浙江，晚白垩世。

评注 该类蛋化石蛋壳近内表面的结构与国清寺副蜂窝蛋非常相似，但其个体相对较小，壳单元不分枝，气孔道从蛋壳中部开始逐渐封闭，故建立一新的蛋属。

木鱼山半蜂窝蛋 *Hemifaveoloolithus muyushanensis* Wang, Zhao, Wang et Jiang, 2011
（图 82，图 83）

正模 TTM 28，10 枚蛋化石组成的一不完整蛋窝。

模式产地 浙江天台木鱼山隧道。

鉴别特征 同蛋属。

产地与层位 浙江天台木鱼山隧道，上白垩统赤城山组二段。

似蜂窝蛋科 Oofamily Similifaveoloolithidae Wang, Zhao, Wang et Jiang, 2011

模式蛋属 *Similifaveoloolithus* Wang, Zhao, Wang et Jiang, 2011

概述 似蜂窝蛋科为一类形状近于圆形的蛋化石，这类蛋化石的蛋壳径切面显微结构与网形蛋类和树枝蛋类的比较相似，壳单元分枝并且在蛋壳近外表面处形成融合层；蛋壳的弦切面结构则类似于蜂窝状，但大多数气孔的形态很不规则，与蜂窝蛋类的大不相同，故命名为似蜂窝蛋科（Similifaveoloolithidae）。这是王强等（2011）在对浙江天台盆地发现的双塘树枝蛋（*Dendroolithus shuangtangensis* Fang et al., 2003）的分类地位进行修订时建立的，目前已发现的只有 *Similifaveoloolithus* 1 个蛋属。

鉴别特征 蛋化石近圆形，外表面光滑。蛋壳径切面上壳单元常对称地分为两枝或呈不规则分枝，壳单元之间具发达的不规则的气孔道，近蛋壳外表面处壳单元相互融合

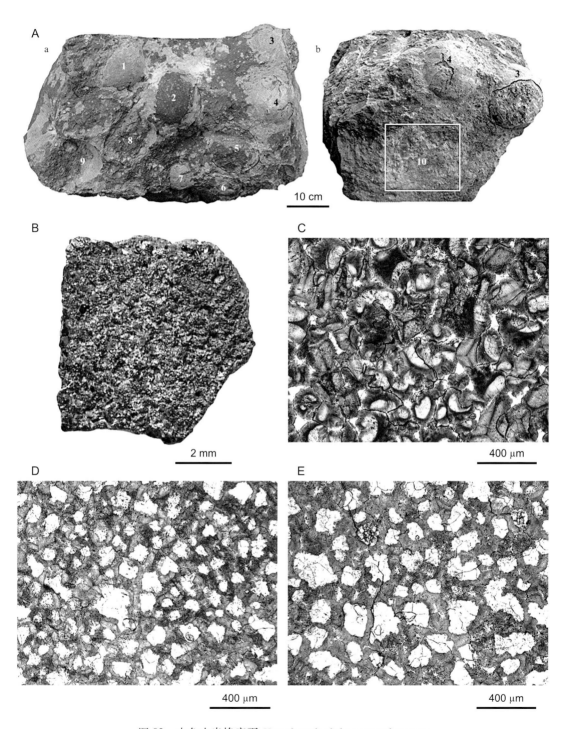

图 82 木鱼山半蜂窝蛋 *Hemifaveoloolithus muyushanensis*

正模（TTM 28）：A. 由 10 枚蛋化石组成的一不完整蛋窝：a. 前视，b. 侧视，白色方框示一枚埋藏在岩石中的蛋化石；B. 蛋壳外表面；C. 蛋壳近外表面处弦切面；D. 蛋壳中部弦切面；E. 蛋壳近内表面处弦切面

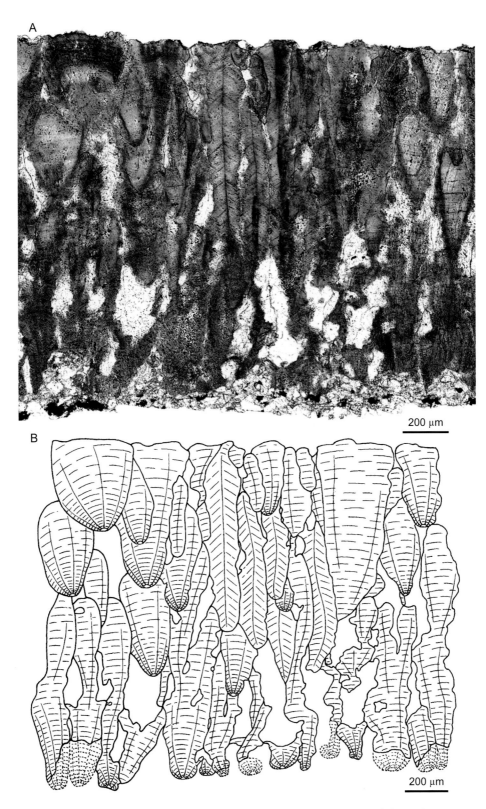

图 83　木鱼山半蜂窝蛋 *Hemifaveoloolithus muyushanensis* 蛋壳径切面

正模（TTM 28）：A. 蛋壳径切面；B. 蛋壳径切面显微结构素描图

而形成均匀致密的薄层。弦切面上蛋壳呈蜂窝状结构，气孔大多数形态不规则或呈裂隙状，近外表面处气孔缩小或大部分被封闭。

中国已知蛋属　*Similifaveoloolithus* 1 个蛋属。

分布与时代　浙江、吉林，早白垩世晚期至晚白垩世早期。

似蜂窝蛋属 Oogenus *Similifaveoloolithus* Wang, Zhao, Wang et Jiang, 2011

模式蛋种　*Similifaveoloolithus shuangtangensis* (Fang et al., 2003) Wang, Zhao, Wang et Jiang, 2011

鉴别特征　同蛋科。

中国已知蛋种　*Similifaveoloolithus shuangtangensis* 和 *S. gongzhulingensis*，共 2 个蛋种。

分布与时代　同蛋科。

双塘似蜂窝蛋 *Similifaveoloolithus shuangtangensis* (Fang et al., 2003)
Wang, Zhao, Wang et Jiang, 2011
（图 84—图 86）

Dendroolithus shuangtangensis：方晓思等，2003，516 页，图版 I，图 11，12；王德有等，2008，33 页；
　　方晓思等，2009b，533 页

正模　GMC T-6，蛋壳径切面镜检薄片 1 片。

模式产地　浙江天台双塘。

归入标本　IVPP V 16512.1–6，5 枚较完整和 1 枚不完整的蛋化石；TTM 5，3 枚紧密排列在一起的不完整蛋化石。

鉴别特征　蛋化石近圆形，长径平均 124 mm，赤道直径平均 115 mm，形状指数平均 92.8，蛋壳厚 1.05–1.27 mm。蛋壳中下部壳单元呈不规则状分枝，壳单元之间形成大而不规则的气孔道，弦切面上为蜂窝状结构，气孔多数不规则或相互连通形成裂隙形；近蛋壳外表面处壳单元相互融合，气孔道大多数封闭，融合层厚度约占壳厚的 1/5。

产地与层位　浙江天台双塘（GMC T-6, TTM 5）、金国宾馆（IVPP V 16512.1–6），上白垩统赤城山组一段。

评注　方晓思等（2003）记述了浙江天台双塘出土的 1 枚近圆形蛋化石（没有注明标本编号其收藏单位），根据蛋壳径切面（GMC T-6）的显微结构特征，将其归入树枝蛋科，命名为 *Dendroolithus shuangtangensis*，然而其蛋壳中下部形态不规则的壳单元不同于树枝蛋类长柱状，或具有规则分枝的壳单元，因而不属于树枝蛋科。王强等（2011）研究

A

B

5 cm

5 cm

图 84　双塘似蜂窝蛋 *Similifaveoloolithus shuangtangensis*
A. 归入标本, 5 枚较完整和 1 枚不完整的蛋化石（IVPP V 16512.1–6）; B. 归入标本, 3 枚紧密排列在一起的不
完整蛋化石（TTM 5）

了保存于 TTM 的 3 枚蛋化石（TTM 5）和保存于 IVPP 的 6 枚蛋化石（IVPP V 16512.1–
6）, 发现它们的蛋壳径切面组织结构与 *D. shuangtangensis* 相同, 但蛋壳弦切面却与蜂窝
蛋类相似, 所以建立了似蜂窝蛋科, 并将 *D. shuangtangensis* 修订为 *Similifaveoloolithus
shuangtangensis*。

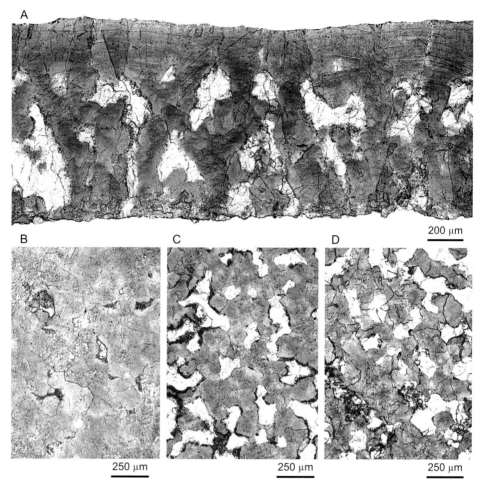

图 85 双塘似蜂窝蛋 *Similifaveoloolithus shuangtangensis* 蛋壳显微结构

归入标本（TTM 5）：A. 蛋壳径切面；B. 蛋壳近外表面弦切面；C. 蛋壳中部弦切面；D. 蛋壳近内表面弦切面

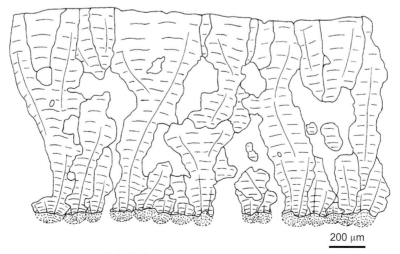

图 86 双塘似蜂窝蛋 *Similifaveoloolithus shuangtangensis*

归入标本（TTM 5）蛋壳径切面显微结构素描图

公主岭似蜂窝蛋 *Similifaveoloolithus gongzhulingensis* (Wang et al., 2006)
Wang, Zhao, Wang, Zhang et Jiang, 2013

（图 87）

Dictyoolithus gongzhulingensis：王强等，2006，154 页，图 3–5

模式标本　JLUM-D09-1-4，2 枚较为完整和 2 枚残破的蛋化石。

模式产地　吉林公主岭刘房子。

鉴别特征　蛋化石近圆形，长径 110–119 mm，赤道直径 115–118 mm，形状指数平均 98.3。蛋壳厚 1.40–1.70 mm，壳单元呈柱状或具对称的分枝，壳单元之间气孔道大而不规则，近外表面处壳单元融合成一均匀薄层。蛋壳弦切面呈蜂窝状结构，气孔多数不规则。近蛋壳外表面处气孔直径明显减小，近内表面处气孔相互连通；壳单元相互分离。

产地与层位　吉林公主岭刘房子，上白垩统泉头组上部。

评注

1. 这些蛋化石最初被鉴定为网形蛋科、网形蛋属的成员，命名为 *Dictyoolithus gongzhulingensis*（王强等，2006），但在后来的研究中发现其蛋壳弦切面显微结构与双塘似蜂窝蛋更接近，应归于似蜂窝蛋属，所以将其修订为 *Similifaveoloolithus gongzhulingensis*。

2. 关于泉头组的时代，此前有着比较大的争议，孙革、郑少林（2000）根据沟鞭藻类认为其属于早白垩世，而陈丕基（2000）、黎文本（2001）等则根据孢粉对比认为其时代应属于晚白垩世早期。近年来，根据松辽盆地松科 1 井生物地层、年代地层等的综合研究认为泉头组上部地层相当于土伦阶下部（Wan et al., 2012）。根据圆形蛋类的发现（刘金远等，2013），我们也倾向于将泉头组置于晚白垩世早期是比较合适的。

杨氏蛋科 Oofamily Youngoolithidae Zhang, 2010

模式蛋属　*Youngoolithus* Zhao, 1979

概述　杨氏蛋科是张蜀康（2010）根据赵资奎于 1979 年建立的蜂窝蛋科的 *Youngoolithus xiaguanensis* 建立的。该蛋种除了具有与蜂窝蛋科成员相似的蜂窝状蛋壳结构外，还具有橄榄状的外形，蛋化石在蛋窝中相互平行且前后交错的排列方式等独特的特征；另外在蛋壳径切面上重叠生长的壳单元较多，气孔道多数弯曲且分枝，与蜂窝蛋科各成员明显不同，所以应从蜂窝蛋科中划分出来，代表一个新的蛋科。目前杨氏蛋科仅包括 *Youngoolithus* 一个蛋属。

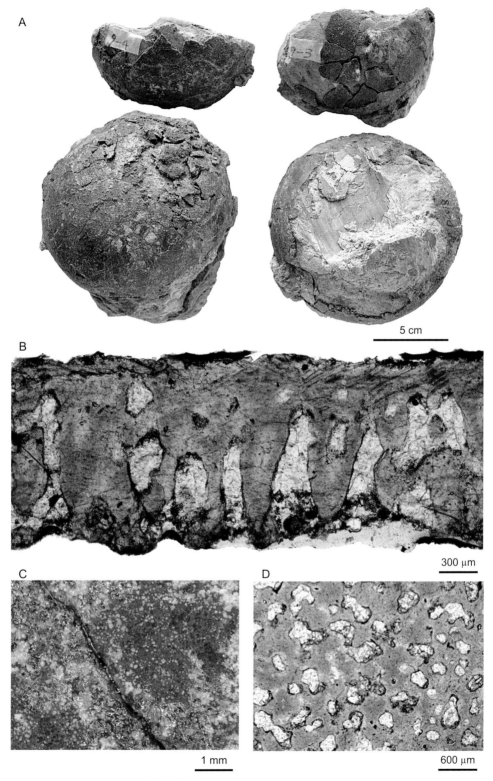

图 87　公主岭似蜂窝蛋 *Similifaveoloolithus gongzhulingensis*

A. 正模（JLUM-D09-1–4），2 枚较为完整和 2 枚残破的蛋化石；B. 蛋壳径切面（JLUM-D09-1）；C. 蛋壳
外表面（JLUM-D09-1）；D. 蛋壳中部弦切面（JLUM-D09-1）

鉴别特征 蛋化石橄榄形，长径 156.0–173.4 mm，平均 165.6 mm；赤道直径 91.0–109.4 mm，平均 98.9 mm，形状指数平均 59.8。蛋化石在蛋窝中长轴相互平行并前后交错地成排排列。蛋壳厚 1.45–1.60 mm。蛋壳通常由 4–7 个壳单元重叠组成，在径切面和弦切面上均显示为蜂窝状结构。壳单元为较短小的柱状，生长纹不发育，排列方式很不规则，在近内表面处相互分离。气孔道多数分枝且较弯曲，每个气孔道由 4–5 个壳单元围合而成。

中国已知蛋属 仅 *Youngoolithus* 一个蛋属。

分布与时代 河南，白垩纪。

杨氏蛋属 Oogenus *Youngoolithus* Zhao, 1979

模式蛋种 *Youngoolithus xiaguanensis* Zhao, 1979

鉴别特征 同蛋科。

中国已知蛋种 仅模式蛋种。

分布与时代 同蛋科。

评注 方晓思等（1998）报道的河南西峡盆地的杨氏蛋属新蛋种——西坪杨氏蛋（*Youngoolithus xipingensis*），根据作者的描述和提供的蛋壳显微结构照片分析，应归入副蜂窝蛋属（见本志书 112 页和 123 页）。

夏馆杨氏蛋 *Youngoolithus xiaguanensis* Zhao, 1979

（图 88—图 91）

正模 IVPP V 5783，15 枚比较完整和 1 枚残破的蛋化石组成的一不完整蛋窝。

模式产地 河南南阳内乡夏馆黄龙村后庄。

鉴别特征 同蛋科、蛋属。

产地与层位 河南省南阳市内乡县夏馆后庄，白垩系。

评注

1. 在 IVPP V 5783 这一蛋窝中，有 4 枚蛋化石之间保存有一个恐龙的脚印化石（见图 88 左上角的 4 枚蛋化石）。赵资奎（1979b）认为，从蛋化石被压挤的凹坑来看，似乎显示为三趾，并猜想可能是产蛋恐龙在产完这窝蛋后用脚耙土覆盖蛋窝时，"不小心"踩了一脚留下的。

2. 由于没有可靠的古生物学资料，赵资奎（1979b）把夏馆盆地含夏馆杨氏蛋的地层的时代暂定为白垩纪，直到 20 年后，徐星等（2000）记述在内乡县夏馆镇安沟村发现的一具不完整的恐龙骨架，认为这是属于禽龙亚目（Iguanodontia）的一个新的属、种，命

10 cm

图 88　夏馆杨氏蛋 *Youngoolithus xiaguanensis*
正模（IVPP V 5783）：由 15 枚比较完整和一枚残破的蛋化石组成的一不完整蛋窝，箭头所指为一恐龙足迹

名为诸葛南阳龙（*Nanyangosaurus zhugeii*），时代为早白垩世晚期。那么与之同层位的夏馆杨氏蛋的时代也应为早白垩世晚期。

网形蛋科　Oofamily Dictyoolithidae Zhao, 1994

模式蛋属　*Dictyoolithus* Zhao, 1994

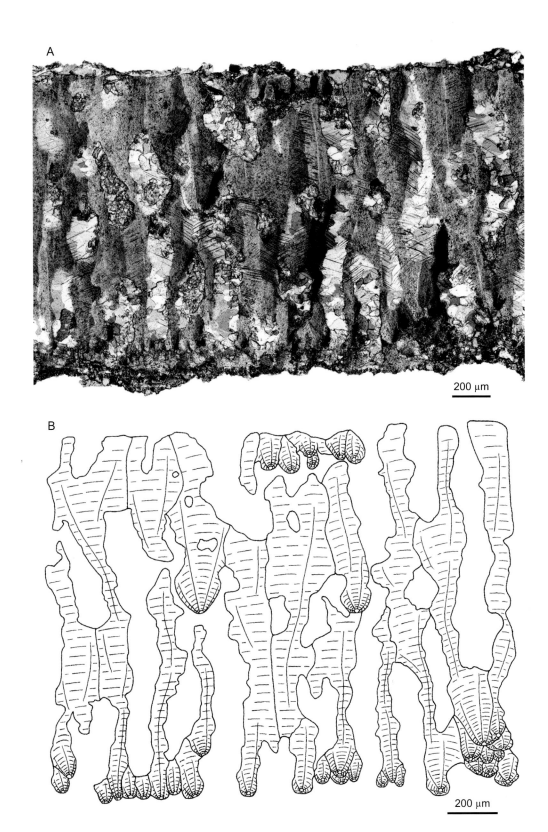

图 89　夏馆杨氏蛋 *Youngoolithus xiaguanensis* 蛋壳径切面

正模（IVPP V 5783）：A. 蛋壳径切面（偏光）；B. 蛋壳径切面显微结构素描图

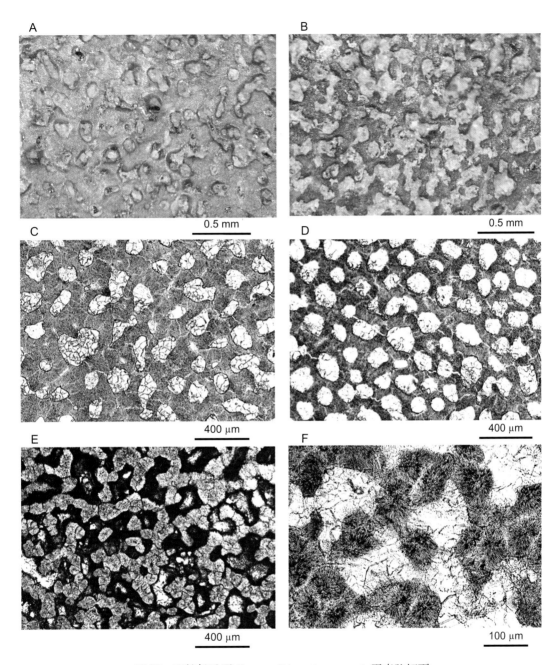

图 90　夏馆杨氏蛋 *Youngoolithus xiaguanensis* 蛋壳弦切面

正模（IVPP V 5783）：A. 蛋壳外表面；B. 蛋壳内表面；C. 蛋壳近外表面处弦切面；D. 蛋壳中部弦切面；
E. 蛋壳近内表面处弦切面；F. 蛋壳近内表面弦切面局部放大，示形态不规则的壳单元

概述　网形蛋科（Dictyoolithidae）是 Zhao（1994）根据在河南西峡白河湾赤水沟和内乡赤眉石板沟两个地点发现的蛋化石标本建立的一个蛋科，包括一个蛋属 2 个蛋种，分别为红坡网形蛋（*Dictyoolithus hongpoensis*）和内乡网形蛋（*Dictyoolithus neixiangensis*），其主要的特征是蛋壳由 2–7 个形状不规则的壳单元相互连接、叠加组成。

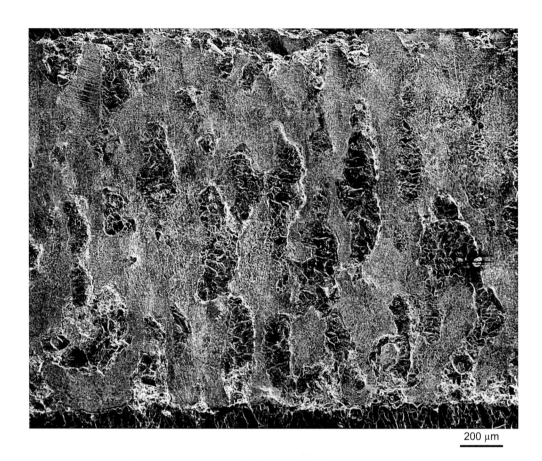

200 μm

图 91　夏馆杨氏蛋 *Youngoolithus xiaguanensis* 蛋壳径切面（SEM）

从蛋壳径切面上看，这些壳单元构架成网状的组织结构。此后，刘金远和赵资奎（2004）记述了发现于山东莱阳的网形蛋属一新蛋种：蒋氏网形蛋（*Dictyoolithus jiangi*）；王强等（2006）根据在吉林公主岭的早白垩世地层发现的标本建立了另一新蛋种：公主岭网形蛋（*Dictyoolithus gongzhulingensis*）。Jin 等（2010）报道了浙江丽水盆地发现的网形蛋类化石，认为这些蛋化石与河南省西峡县发现的 *Dictyoolithus hongpoensis* 相似，属同一类型。王强等（2013）在研究浙江省天台盆地新发现的网形蛋类标本的基础上，对网形蛋类的分类进行了修订，根据壳单元叠加的层次及其在蛋壳外表面融合与否，认为目前已发现的 Dictyoolithidae 标本可分为网形蛋属（*Dictyoolithus*）、原网形蛋属（*Protodictyoolithus*）和拟网形蛋属（*Paradictyoolithus*）共 3 个蛋属。

　　鉴别特征　蛋化石近圆形，蛋壳外表面光滑或具小瘤，蛋壳的每个部分由 2–7 个不规则形状的壳单元相互连接、叠加组成，蛋化石在蛋窝内的排列方式不规则。

　　中国已知蛋属　*Dictyoolithus, Protodictyoolithus, Paradictyoolithus*，共 3 蛋属。

　　分布与时代　河南、山东、浙江，晚白垩世。

网形蛋属 Oogenus *Dictyoolithus* Zhao, 1994

模式蛋种 *Dictyoolithus hongpoensis* Zhao, 1994

鉴定特征 蛋化石近卵圆形。蛋壳外表面具低矮的小瘤，壳厚 2.50–2.80 mm。蛋壳的每个部分由 5 个以上、长短不一且具不规则分枝的壳单元相互连接、叠加而成，形成网状的组织结构。壳单元之间形成发达的不规则腔隙。近蛋壳外表面处壳单元排列较为紧密，部分相邻的壳单元互相连接但没有完全融合。弦切面上壳单元呈不规则块状，相互独立，或相邻几个壳单元连接成不规则的条状，不围成完整的气孔道。

中国已知蛋种 仅模式蛋种。

分布与时代 河南、浙江，晚白垩世。

评注 王强等（2013）认为，那些蛋壳由 2–3 个形状不规则的壳单元相互连接、叠加而成的标本应另立为一新蛋属——原网形蛋属（*Protodictyoolithus*），并将内乡网形蛋（*Dictyoolithus neixiangensis*）和蒋氏网形蛋（*Dictyoolithus jiangi*）修订为 *Protodictyoolithus neixiangensis* 和 *Protodictyoolithus jiangi*；公主岭网形蛋（*Dictyoolithus gongzhulingensis*）则被修订为公主岭似蜂窝蛋（*Similifaveoloolithus gongzhulingensis*，见本志书 130 页）。

红坡网形蛋 *Dictyoolithus hongpoensis* Zhao, 1994

（图 92，图 93）

正模 IVPP RV94001（野外编号 No. 79001），蛋壳碎片若干，取自原地保存的两枚破碎的蛋化石。

模式产地 河南西峡赤水沟红坡。

归入标本 LSCM F008a，至少由 18 枚蛋化石组成的一窝蛋；LSCM F008b，至少由 12 枚蛋化石组成的一窝蛋；ZMNH M8708-3，至少由 6 枚蛋化石组成的一窝蛋；FPDM 7744, ZMNH M8734, M8735, M8738, M8707-1, M8707-2, M8708-1, M8708-2，不完整的蛋化石；FPDM.V.7744-1, V.7744-2, V.7744-3, V.7744-4，蛋壳径切面镜检薄片。

鉴别特征 同蛋属。

产地与层位 河南西峡赤水沟红坡（IVPP RV94001），上白垩统六爷庙组；浙江丽水盆地（LSCM F008a, F008b, ZMNH M8708-3），上白垩统赤城山组。

评注

1. 有关西峡盆地白垩纪岩石地层单位名称目前仍存在着不同认识，周世全等（1983）和王德有等（2008）用淅川盆地上白垩统高沟组、马家村组和寺沟组等岩石地层单位名称来命名西峡盆地白垩纪地层单位。然而，程政武等（1995）认为，这两个盆地无论从沉积环境，还是从岩性特征来看，都有着明显差异，难以使用统一的岩石地层单位名称，

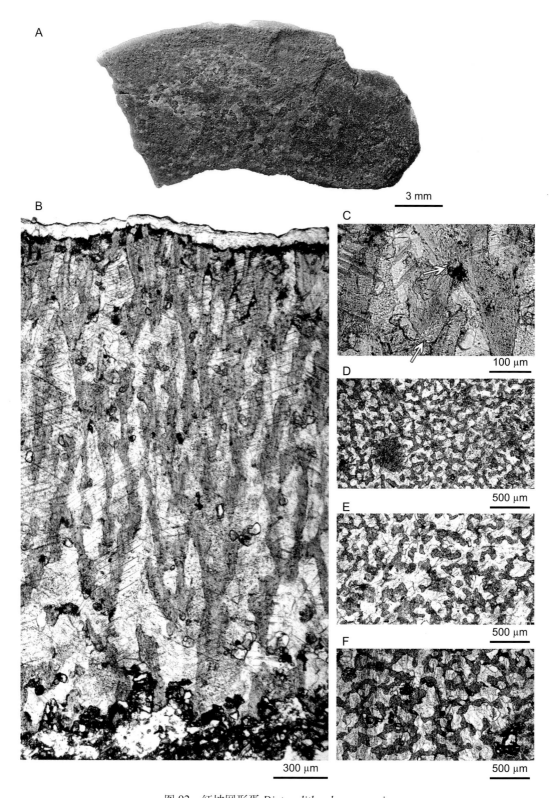

图 92　红坡网形蛋 *Dictyoolithus hongpoensis*
正模（IVPP RV94001）：A. 蛋壳碎片，示外表面；B. 蛋壳径切面；C. 蛋壳径切面局部放大，箭头示次生壳
单元；D. 蛋壳近外表面弦切面；E. 蛋壳中部弦切面；F. 蛋壳近内表面弦切面

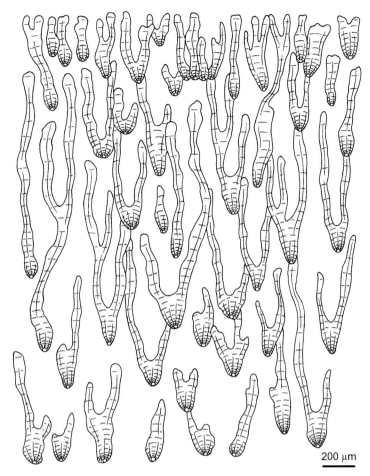

图 93　红坡网形蛋 *Dictyoolithus hongpoensis* 蛋壳径切面显微结构示意图

并提出将西峡盆地的"高沟组"称走马岗组，"马家村组"称赵营组，"寺沟组"称六爷庙组。近年 Wang 等（2012）认为西峡盆地含恐龙蛋化石地层的年代比淅川盆地的早。综合考虑前人对西峡盆地白垩纪岩石地层单位名称及其地质年代的认识，本志书采用程政武等（1995）的建议，西峡盆地恐龙蛋化石群赋存层位，由下而上为走马岗组、赵营组和六爷庙组。

2. 周修高等（1998）将产自湖北郧县的 4 枚破损的蛋化石（标本编号 CUGW HYH131–134）鉴定为红坡网形蛋。从文中的图版看，蛋壳径切面上壳单元较红坡网形蛋的粗短，近外表面蛋壳结构比较致密，是红坡网形蛋的可能性不大。但是因为照片不够清晰，目前无法判定这是哪种类型的蛋化石。

3. Jin 等（2010）记述了产于浙江丽水盆地的 *Dictyoolithus hongpoensis*，在其描述中认为蛋壳仅由一层壳单元组成，不存在多层壳单元的叠加。实际上，由于红坡网形蛋壳单元的锥体部分过于细小，在蛋壳径向断裂面中不易发现，但通过在光学显微镜的高倍镜下观察蛋壳径切面组织切片则可以找到。

原网形蛋属 Oogenus *Protodictyoolithus* Wang, Zhao, Wang, Zhang et Jiang, 2013

模式蛋种 *Protodictyoolithus neixiangensis*（Zhao, 1994）Wang, Zhao, Wang, Zhang et Jiang, 2013

鉴别特征 蛋化石圆形或近圆形，蛋壳厚度为 1.40–2.00 mm。径切面上蛋壳每个部分都由 2–4 个呈分枝状的壳单元相互连接、叠加而成，形成网状结构。近蛋壳外表面处壳单元相互融合（图 94）；弦切面上壳单元为不规则块状或近圆形，大多数独立存在，仅有少数相互连接，围成圆形或椭圆形的气孔。

中国已知蛋种 *Protodictyoolithus neixiangensis*, *P. jiangi*，共 2 蛋种。

分布与时代 河南、山东，晚白垩世。

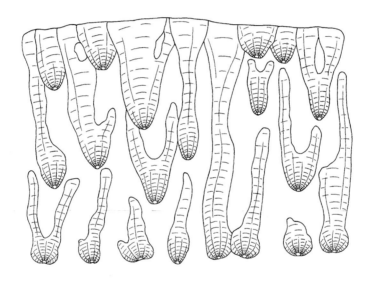

图 94 原网形蛋属 *Protodictyoolithus* 蛋壳径切面结构示意图

3 cm

图 95 内乡原网形蛋 *Protodictyoolithus neixiangensis*
正模（IVPP RV94002）：两枚较完整的蛋化石

内乡原网形蛋 *Protodictyoolithus neixiangensis* (Zhao, 1994) Wang, Zhao, Wang, Zhang et Jiang, 2013

（图 95 ，图 96）

Dictyoolithus neixiangensis：Zhao, 1994, p. 190, fig. 12.5

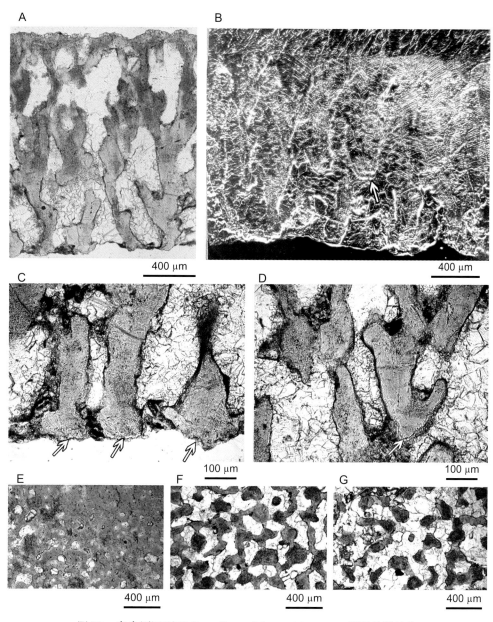

图 96　内乡原网形蛋 *Protodictyoolithus neixiangensis* 蛋壳显微结构

正模（IVPP RV94002）：A. 蛋壳径切面；B. 蛋壳径切面（SEM），箭头示次生壳单元；C. 蛋壳径切面，箭头示第一层壳单元的晶核中心；D. 蛋壳径切面，箭头示次生壳单元的晶核中心；E. 蛋壳近外表面弦切面；F. 蛋壳中部弦切面；G. 蛋壳近内表面弦切面

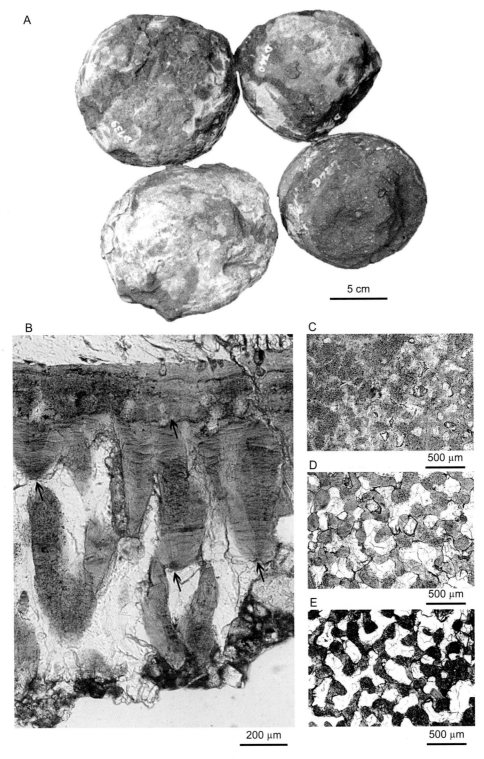

图 97 蒋氏原网形蛋 *Protodictyoolithus jiangi*

A. 正模（DLNHM D737, D738, D739, D740），4 枚完整程度不同的蛋化石；B–E: 蛋壳显微结构（DLNHM D737），B. 蛋壳径切面，箭头示第二、三、四层次生壳单元的晶核中心；C. 蛋壳近外表面弦切面；D. 蛋壳中部弦切面；E. 蛋壳近内表面弦切面

正模　IVPP RV94002（野外编号：No. 79007），2 枚圆形的蛋化石。

模式产地　河南内乡赤眉石板沟。

鉴别特征　蛋化石近圆形，长径约为 120 mm，蛋壳厚度为 1.50–1.70 mm。蛋壳每个部分均由 2–3 个呈分枝状的壳单元相互连接、叠加而成，壳单元在近蛋壳外表面处形成极薄的融合层。

产地与层位　河南内乡赤眉石板沟，上白垩统赵营组。

蒋氏原网形蛋 *Protodictyoolithus jiangi* (Liu et Zhao, 2004) Wang, Zhao, Wang, Zhang et Jiang, 2013

（图 97）

Dictyoolithus jiangi：刘金远、赵资奎，2004，166–170 页

正模　DLNHM D737, D738, D739, D740，4 枚完整程度不同的蛋化石。

模式产地　山东莱阳将军顶。

鉴别特征　蛋化石近圆形，长径 131–144 mm，赤道直径 118–124 mm，形状指数 86.1–90.4。蛋壳外表面光滑，厚度为 1.50–1.65 mm，蛋壳每个部分均由 2–4 个较粗壮的分枝状壳单元相互连接、叠加组成，近蛋壳外表面处壳单元相互融合，融合层较明显，约占壳厚的 1/10。

产地与层位　山东莱阳将军顶，上白垩统将军顶组。

拟网形蛋属 Oogenus *Paradictyoolithus* Wang, Zhao, Wang, Zhang et Jiang, 2013

模式蛋种　*Paradictyoolithus zhuangqianensis* Wang, Zhao, Wang, Zhang et Jiang, 2013。

鉴定特征　蛋化石近圆形，长径约为 127–150 mm，赤道直径约为 107–127 mm。蛋壳外表面光滑，厚度较大，为 1.80–2.20 mm，蛋壳每个部分均由 2–4 个细长的呈分枝状的壳单元相互连接、叠加而成，形成网状结构。蛋壳中部弦切面上，部分壳单元围合出完整的气孔道。近蛋壳外表面处壳单元不形成融合层。

中国已知蛋种　*Paradictyoolithus zhuangqianensis*, *P. xiaxishanensis*，共 2 蛋种。

分布与时代　浙江，晚白垩世。

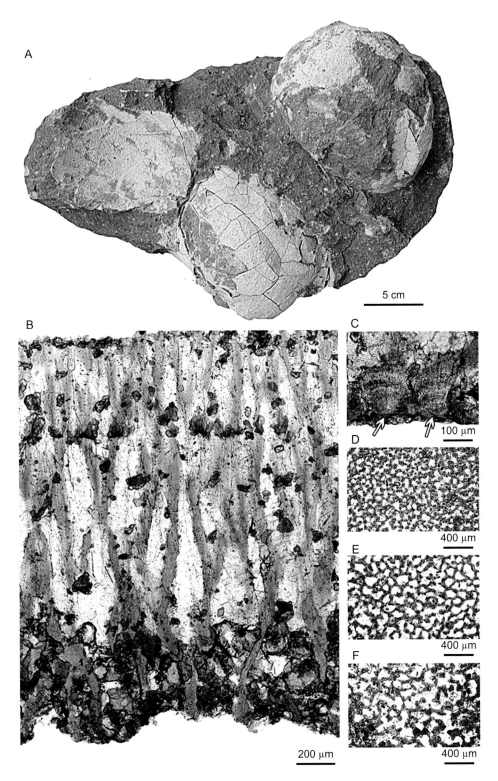

图 98　庄前拟网形蛋 *Paradictyoolithus zhuangqianensis*

正模（TTM 18）：A. 正模，2 枚保存较完整及 1 枚部分保存的蛋化石；B. 蛋壳径切面；C. 蛋壳径切面近内表面处局部放大，箭头示壳单元的晶核中心；D. 蛋壳近外表面弦切面；E. 蛋壳中部弦切面；F. 蛋壳近内表面弦切面

庄前拟网形蛋 *Paradictyoolithus zhuangqianensis* **Wang, Zhao, Wang, Zhang et Jiang, 2013**

（图 98）

正模　TTM 18，2 枚保存较完整及 1 枚不完整的蛋化石。

模式产地　浙江天台庄前。

鉴别特征　蛋化石近圆形，长径为 127–138 mm，赤道直径为 107–110 mm，形状指数平均为 81.9。蛋壳外表面光滑，厚度较大，为 2.13–2.20 mm，蛋壳每个部分均由 3–4 个细长的呈分枝状的壳单元相互连接、叠加而成，形成网状结构。蛋壳中部弦切面上，壳单元相互连接形成类似于蜂窝状的结构。

产地与层位　浙江天台庄前，上白垩统赤城山组一段。

下西山拟网形蛋 *Paradictyoolithus xiaxishanensis* **Wang, Zhao, Wang, Zhang et Jiang, 2013**

（图 99—图 101）

正模　TTM 16，6 枚蛋化石组成的一不完整蛋窝，另有 1 枚蛋化石印模。

副模　TTM 17，4 枚蛋化石组成的一不完整蛋窝，另有 2 枚蛋化石印模。

模式产地　浙江天台下西山。

鉴别特征　蛋化石近圆形，长径约为 130–150 mm，赤道直径约为 107–127 mm，形状指数平均 84.5，在蛋窝中的排列方式不规则。蛋壳外表面光滑，厚度为 1.80–2.00 mm。蛋壳每个部分均由 2–4 个较细长的分枝状壳单元相互连接、叠加而成。近蛋壳外表面处壳单元排列紧密，但没有完全相互融合，不围成气孔道。

产地与层位　浙江天台下西山，上白垩统赤城山组二段。

丛状蛋科？ Oofamily ?Phaceloolithidae Zeng et Zhang, 1979

模式蛋属　*Phaceloolithus*? Zeng et Zhang, 1979

概述　丛状蛋科（Phaceloolithidae）是曾德敏和张金鉴（1979）记述在湖南常德岩码头上白垩统分水坳组发现的 *Phaceloolithus hunanensis* 标本时建立的一个分类单元，主要特征是蛋壳外表面具有成群聚集的不规则突起。

鉴别特征　蛋化石扁圆形，长径 104 mm，赤道面长轴 167–168 mm，短轴 140–150 mm，在蛋窝中无规则排列，外表面具有蠕虫状或不规则网状疣饰。蛋壳厚度 0.50–0.70 mm，从蛋壳径切面上看，壳单元的锥体基部较为完整，具明显生长纹，向上则呈 2–3 个分枝状突起。

中国已知蛋属　仅模式蛋属 *Phaceloolithus*?。

图 99　下西山拟网形蛋 *Paradictyoolithus xiaxishanensis*
A. 正模，6 枚蛋化石组成的一不完整蛋窝（TTM 16）；B. 副模，4 枚蛋化石组成的一不完整蛋窝（TTM 17）

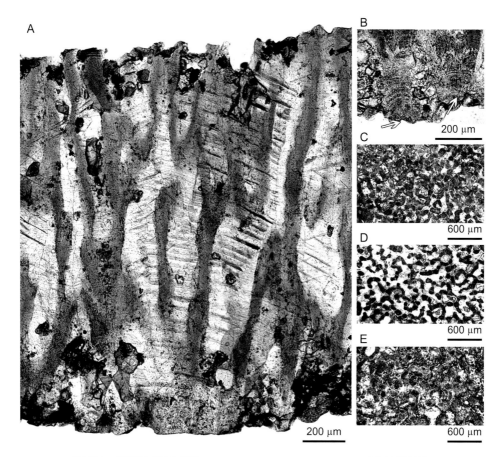

图 100 下西山拟网形蛋 *Paradictyoolithus xiaxishanensis* 蛋壳显微结构

A. 蛋壳径切面（TTM 16）；B. 蛋壳径切面近内表面处局部放大，箭头示壳单元的晶核中心（TTM 17）；
C. 蛋壳近外表面弦切面（TTM 17）；D. 蛋壳中部弦切面（TTM 17）；E. 蛋壳近内表面弦切面（TTM 17）

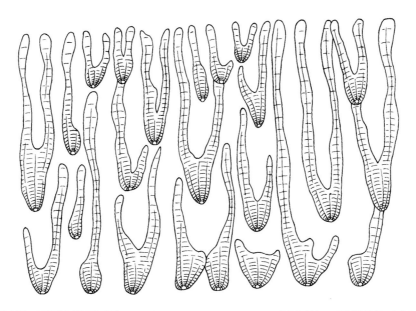

图 101 下西山拟网形蛋 *Paradictyoolithus xiaxishanensis* 蛋壳径切面显微结构示意图

分布与时代　湖南，晚白垩世。

丛状蛋属?　Oogenus *Phaceloolithus*? Zeng et Zhang, 1979

模式蛋种　?*Phaceloolithus hunanensis* Zeng et Zhang, 1979
鉴别特征　同蛋科。
中国已知蛋种　仅模式蛋种。
分布与时代　湖南，晚白垩世。

?湖南丛状蛋　?*Phaceloolithus hunanensis* Zeng et Zhang, 1979
（图 102）

正模　PSETH，野外编号 No. 76101，蛋化石 4 枚，其中两枚较完整，两枚残破（在野外原地保存的有 6 枚蛋化石组成的一个蛋窝，采集时只取出 4 枚）。
模式产地　湖南常德岩码头。
鉴别特征　同蛋属。
产地与层位　湖南常德岩码头，上白垩统分水坳组。
评注　湖南丛状蛋的蛋壳保存不完整，可能缺失近蛋壳外表面的部分，目前无法确定它是否为一新的蛋化石类型，暂且作为存疑蛋种保留下来。

蛋科不确定　Incertae Oofamiliae

马赛克蛋属　Oogenus *Mosaicoolithus* Wang, Zhao, Wang et Jiang, 2011

模式蛋种　*Mosaicoolithus zhangtoucaoensis* (Fang et al., 2000) Wang, Zhao, Wang et Jiang, 2011
鉴别特征　蛋化石圆形，长径平均为 87.7 mm，形状指数平均为 92.63。蛋壳厚度为 1.50–1.55 mm。锥体层与柱状层界线不明显，锥体层薄，厚度约为蛋壳厚度的 1/6–1/5，锥体呈柱状，间隙明显。柱状层中均匀分布着平行于壳表的生长纹，中部具有较大的不规则形腔隙，其中发育大量的次生壳单元，从弦切面上可见次生壳单元常紧密镶嵌在一起，近外表面处有许多指状的小突起。
中国已知蛋种　仅模式蛋种。
分布与时代　浙江，晚白垩世。

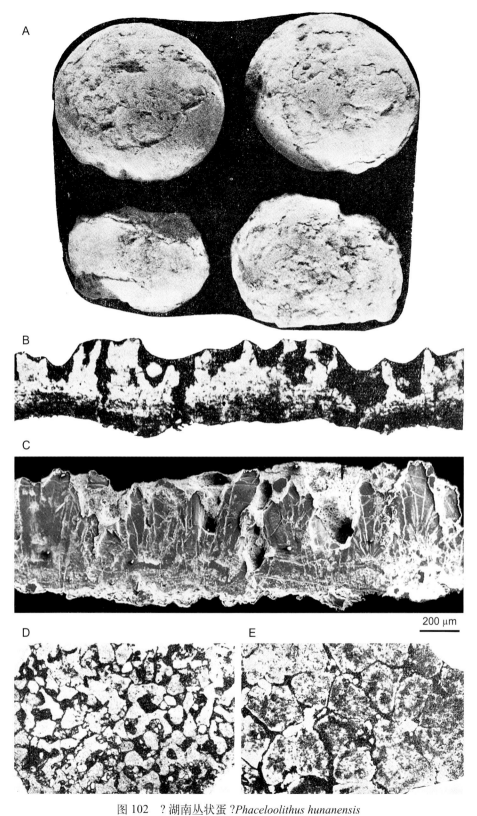

图 102　?湖南丛状蛋 ?*Phaceloolithus hunanensis*

正模（PSETH No. 76101）：A. 4 枚蛋化石，其中两枚较完整，两枚残破；B. 蛋壳径切面；C. 蛋壳径向断裂面（SEM）；D. 蛋壳近外表面弦切面；E. 蛋壳锥体层弦切面

张头槽马赛克蛋 *Mosaicoolithus zhangtoucaoensis* (Fang et al., 2000) Wang, Zhao, Wang et Jiang, 2011

（图 103，图 104）

Spheroolithus zhangtoucaoensis：方晓思等，2000，109 页，图版 I，图 15–17；方晓思等，2003，517 页，
　　图版 II，图 4–6；钱迈平等，2007，82 页；钱迈平等，2008，249 页；王德有等，2008，32 页；
　　方晓思等，2009b，533 页

Spheroolithus jincunensis：方晓思等，2003，517 页，图版 II，图 1，2；王德有等，2008，32 页；
　　方晓思等，2009b，533 页

正模　GMC Zhe-6-1，蛋壳径切面镜检薄片，蛋壳样品取自一枚扁圆形的蛋化石（没有注明编号及其收藏单位）。

模式产地　浙江天台张头槽。

归入标本　GMC T-8，蛋壳径切面镜检薄片，蛋壳样品取自一枚圆形的蛋化石（没有注明编号及其收藏单位）；TTM 6，由 6 枚蛋化石组成的一个不完整蛋窝；IVPP V18545，碎蛋壳 5 片。

鉴别特征　同蛋属。

产地与层位　浙江天台张头槽（GMC Zhe-6-1）、赤城街道赤义村（TTM 6），上白垩统赤城山组一段；浙江天台赖家（GMC T-8）、街头镇双里湾（IVPP V18545），上白

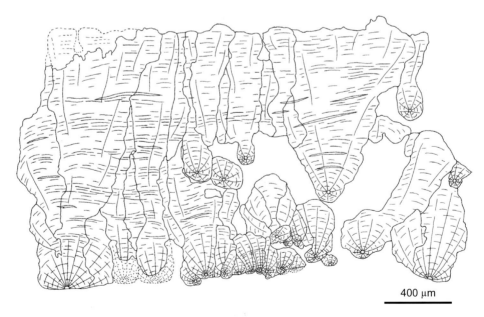

400 μm

图 103　张头槽马赛克蛋 *Mosaicoolithus zhangtoucaoensis*（IVPP V18545）蛋壳径切面显微
结构示意图

图 104　张头槽马赛克蛋 *Mosaicoolithus zhangtoucaoensis*

A. 归入标本 (TTM 6)，由 6 枚蛋化石组成的一不完整蛋窝；B–F. 归入标本 (IVPP V18545)；B. 蛋壳径
切面，示不规则的气孔道及气孔中发育的大量次生壳单元；C. 蛋壳近外表面弦切面，示不规则的气孔；
D. 蛋壳中部弦切面，示不规则气孔中发育的大量次生壳单元；E. 图 D 局部放大，示气孔中的次生壳单元；
F. 蛋壳锥体层弦切面，示排列较为紧密的近圆形的锥体亚统赖家组。

评注 方晓思等（2000）记述了浙江天台盆地发现的张头槽圆形蛋（*Spheroolithus zhangtoucaoensis*）（GMC Zhe-6-1），其蛋壳保存得很不完整，仅有锥体层和少部分柱状层，但从柱状的锥体和发育的生长纹来看并不属于圆形蛋科；方晓思等（2003）又记述了浙江天台盆地的另一个新蛋种——金村圆形蛋（*Spheroolithus jincunensis*）（GMC T-8），蛋化石的宏观形态及蛋壳厚度都与 2000 年描述的 *Spheroolithus zhangtoucaoensis* 标本很接近。这个蛋化石的蛋壳保存得很完整，将这两个蛋种的蛋壳显微结构进行对比，就可发现张头槽圆形蛋的蛋壳实际上相当于金村圆形蛋蛋壳近内表面的一半，所以二者应为同一蛋种，但都不属于圆形蛋科。王强等（2011）研究了天台盆地同样的标本，认为这类蛋化石的蛋壳结构与已知蛋科的都不一样，因为材料很少，暂时只建立蛋属，于是根据其气孔道内镶嵌的次生壳单元这一特征命名了一个新蛋属——马赛克蛋属（*Mosaicoolithus*），标本仍沿用最早建立的张头槽圆形蛋之种名，并将方晓思等（2000, 2003）研究的标本也归入到这个组合蛋种之中。

分类位置不明的蛋种 Incertae sedis

这里收录的是蛋科暂不能确定，且蛋属存疑的蛋种。它们有的是在最初描记时没有描述蛋壳显微结构特征，也没有提供任何蛋壳组织的镜检薄片照片或图片；有的是受制于蛋壳组织镜检薄片及其照片的质量，无法对蛋化石分类地位进行准确的判断；有的则是根据其提供的蛋壳组织结构特征，目前还不能将其归入到任何已知的蛋科中。因此，将符合上述条件的"蛋种"以发表年份为序列举于下。

?渭桥椭圆形蛋 ?*Ovaloolithus weiqiaoensis* Yu, 1998

材料 一窝 10 余枚椭圆形的蛋化石（没有注明编号及标本收藏单位）。

标本描述 蛋化石长径 80–90 mm，赤道直径 40–60 mm，壳厚 1–2 mm（见余心起，1998，图版 II -4, 5）。

产地与层位 安徽休宁渭桥上墅村，上白垩统徽州组上段。

评注 由于作者没有描述其蛋壳显微组织结构特征及未提供相关图片，无法确定这些蛋化石的分类位置。

?黄土岭椭圆形蛋 ?*Ovaloolithus huangtulingensis* Yu, 1998

材料 一窝约 8 枚近圆形的蛋化石（没有注明编号及标本收藏单位）。

标本描述　蛋化石近圆形，直径约 50–60 mm（见余心起，1998，图版 II -3）。

产地与层位　安徽黄山太平湖黄土岭，上白垩统宣南组。

评注　由于作者没有描述蛋壳显微组织结构特征及未提供相关图片，无法确定这些蛋化石的分类位置。

汉水棱柱形蛋？ *Prismatoolithus? hanshuiensis* Zhou, Ren, Xu et Guan, 1998

正模　CUGW HYC111，一窝 17 枚保存完整程度不同的蛋化石。

模式产地　湖北郧县贺家沟长岗岭东坡。

鉴别特征　蛋化石近卵圆形，长径 140–150 mm，赤道直径约 130 mm，形状指数 90，在蛋窝中的排列方式不规则。蛋壳厚 1.00–1.20 mm，由略呈锥形的壳单元紧密排列而成，壳单元的锥体极不发育（见周修高等，1998，图版 I，图 12–14）。

产地与层位　湖北郧县贺家沟长岗岭东坡，上白垩统高沟组。

评注　该"蛋种"的蛋化石形状及在蛋窝中的排列方式与棱柱形蛋类的完全不同，所以不属于棱柱形蛋科的成员。目前还没有发现任何已知的蛋化石具有类似该"蛋种"的蛋壳显微组织结构，暂时无法确定该"蛋种"的分类位置。

赖家长形蛋？ *Elongatoolithus? laijiaensis* Fang et al., 2003

正模　GMC T-9，蛋壳径切面镜检薄片，取自一枚不完整的、形状为长形的蛋化石（没有注明标本编号及收藏单位）。

模式产地　浙江天台赖家村。

鉴别特征　蛋化石复原后长径约 80 mm，赤道直径 38 mm，形状指数 48。蛋壳厚度约 0.3 mm，表面具细小的蠕虫状纹饰。蛋壳径切面上锥体发育，锥体间隙较大，锥体层厚度约占壳厚的 1/4。柱状层内壳单元呈细长的棱柱形，壳单元之间的界线在近蛋壳外表面处隐约可见（见方晓思等，2003，图版 I，图 4，5）。

产地与层位　浙江天台赖家村，上白垩统赖家组。

评注　该蛋种从蛋的外形、蛋壳厚度和棱柱状的壳单元等特征来看接近于棱柱形蛋类而非长形蛋类。但棱柱形蛋的锥体都很不发达，锥体之间几乎无间隙，锥体层厚度相对也很薄，所以目前还无法确定该蛋种是否可归于棱柱形蛋类。

?三王坝村副圆形蛋 *?Paraspheroolithus sanwangbacunensis* Fang, 2005

材料　GMC 05HY-7，蛋壳径切面镜检薄片，蛋壳取自仍保存在野外的一窝 5 枚圆形的蛋化石。

标本描述　蛋化石近圆形，长径 70 mm，赤道直径约 50 mm，壳厚 1.50 mm。蛋壳外表面粗糙，锥体为柱状，锥体层约占壳厚的 1/3。柱状层近外表面处颜色较浅，并有许多小的凹陷（见方晓思等，2005，图版 I，图 3）。

产地与层位　广东河源三王坝，上白垩统东源组。

评注　该标本从蛋化石的大小、蛋壳厚度及锥体层所占比例来看都与二连副圆形蛋近似，但没有更多的特征可供对比；从蛋壳径切面的显微结构照片来看，蛋壳外表面已经被风化侵蚀掉一部分，无法得知蛋壳完整时的厚度及近外表面的特征，所以不能确定这个标本能否代表一个独立的蛋种。由于石笋蛋科的成员蛋壳近内表面的部分也与副圆形蛋属的很相似，所以目前也不能确定这个标本应该归入副圆形蛋属还是石笋蛋科，因此将它作为属种均存疑的蛋种保留下来。

参 考 文 献

陈世骧 (Chen S X) . 1964. 形态特征的分类原理 . 科学通报 , 9: 770–779

陈丕基 (Chen P J) . 2000. 中国陆相侏罗、白垩系划分对比述评 . 地层学杂志 , 24 (2) : 114–119

程政武 (Cheng Z W), 方晓思 (Fang X S), 王毅民 (Wang Y M), 邹喻苹 (Zou Y P), 尹蓁 (Yin Z), 张昀 (Zhang Y), 李广岭 (Li G L) . 1995. 河南西峡盆地产恐龙蛋地层研究新进展 . 科学通报 , 40 (16) : 1487–1490

方晓思 (Fang X S), 卢立伍 (Lu L W), 程政武 (Cheng Z W), 邹喻苹 (Zou Y P), 庞其清 (Pang Q Q), 王毅民 (Wang Y M), 陈克樵 (Chen K Q), 尹蓁 (Yin Z), 王晓红 (Wang X H), 刘金茹 (Liu J R), 谢宏亮 (Xie H L), 靳悦高 (Jin Y G) . 1998. 河南西峡白垩纪蛋化石 . 北京 : 地质出版社 . 1–125

方晓思 (Fang X S), 王耀忠 (Wang Y Z), 蒋严根 (Jiang Y G) . 2000. 浙江天台晚白垩世蛋化石生物地层研究 . 地质论评 , 46 (1) : 105–112

方晓思 (Fang X S), 卢立伍 (Lu L W), 蒋严根 (Jiang Y G), 杨良锋 (Yang L F) . 2003. 浙江天台盆地蛋化石与恐龙的绝灭 . 地质通报 , 22 (7) : 512–520

方晓思 (Fang X S), 张志军 (Zhang Z J), 张显球 (Zhang X Q), 卢立伍 (Lu L W), 韩迎建 (Han Y J), 李佩贤 (Li P X) . 2005. 广东河源盆地蛋化石 . 地质通报 , 24 (7) : 682–686

方晓思 (Fang X S), 程政武 (Cheng Z W), 张志军 (Zhang Z J), 庞其清 (Pang Q Q), 韩迎建 (Han Y J), 谢宏亮 (Xie H L), 李佩贤 (Li P X) . 2007a. 豫西南—鄂西北一带恐龙蛋化石演化序列与环境变迁 . 地球学报 , 28 (2) : 97–110

方晓思 (Fang X S), 张志军 (Zhang Z J), 庞其清 (Pang Q Q), 李佩贤 (Li P X), 韩迎建 (Han Y J), 谢宏亮 (Xie H L), 闫荣浩 (Yan R H), 庞丰久 (Pang F J), 吕景禄 (Lü J L), 程政武 (Cheng Z W) . 2007b. 河南西峡白垩纪地层和蛋化石 . 地球学报 , 28 (2) : 123–142

方晓思 (Fang X S), 李佩贤 (Li P X), 张志军 (Zhang Z J), 张显球 (Zhang X Q), 林有利 (Lin Y L), 郭盛斌 (Guo S B), 程业明 (Cheng Y M), 李震宇 (Li Z Y), 张晓军 (Zhang X J), 程政武 (Cheng Z W) . 2009a. 广东南雄白垩系及恐龙蛋到鸟蛋演化研究 . 地球学报 , 30 (2) : 167–186

方晓思 (Fang X S), 岳昭 (Yue Z), 凌虹 (Ling H) . 2009b. 近十五年来蛋化石研究概况 . 地球学报 , 30 (4) : 523–542

关康年 (Guan K N), 周修高 (Zhou X G), 任有福 (Ren Y F), 徐世球 (Xu S Q) . 1997. 湖北郧县青龙山一带晚白垩世地层及恐龙蛋化石初步研究 . 地球科学——中国地质大学学报 , 22 (6) : 565–569

河南省地质局地质十二队区研组 . 1974. 我省首次发现恐龙蛋化石 . 河南地质科技情报 , (7) : 67–70

黎文本 (Li W B) . 2001. 从孢粉组合论证松辽盆地泉头组的地质时代及上、下白垩统界线 . 古生物学报 , 40 (2) : 153–176

李酉兴 (Li Y X), 尹仲科 (Yin Z K), 刘羽 (Liu Y) . 1995. 河南西峡恐龙蛋一新属的发现 . 武汉化工学院学报 , 17 (1) : 38–40

刘东生 (Liu D S) . 1951. 山东莱阳恐龙及蛋化石发现的经过 . 科学通报 , 2 (11) : 1157–1162

刘金远 (Liu J Y), 赵资奎 (Zhao Z K) . 2004. 山东莱阳晚白垩世恐龙蛋化石一新类型 . 古脊椎动物学报 , 42 (2) : 166–170

刘金远 (Liu J Y), 王强 (Wang Q), 赵资奎 (Zhao Z K), 汪筱林 (Wang X L), 高春玲 (Gao C L), 沈才智 (Shen C Z) . 2013. 辽宁昌图上白垩统泉头组恐龙蛋化石的分类订正 . 古脊椎动物学报 , 51 (4) : 278–288

钱迈平 (Qian M P), 邢光福 (Xing G F), 陈荣 (Chen R), 蒋严根 (Jiang Y G), 丁保良 (Ding B L), 阎永奎 (Yan Y K), 章

其华 (Zhang Q H) . 2007. 从浙江天台白垩纪蛋化石复原恐龙类群 . 江苏地质 , 31 (2) : 81–89

钱迈平 (Qian M P) , 姜杨 (Jiang Y) , 陈荣 (Chen R) , 蒋严根 (Jiang Y G) , 张元军 (Zhang Y J) , 邢光福 (Xing G F) . 2008. 浙江天台晚白垩世伤齿龙 (troodontids) 蛋化石的新发现 . 古生物学报 , 47 (2) : 248–255

佘德伟 (She D W) . 1995. 卵壳的超微结构特征 . 动物学报 , 41 (3) : 243–252

孙革 (Sun G) , 郑少林 (Zheng S L) . 2000. 中国东北中生代地层划分对比之新见 . 地层学杂志 , 24 (1) : 60–64

王德有 (Wang D Y) , 周世全 (Zhou S Q) . 1995. 西峡盆地新类型恐龙蛋化石的发现 . 河南地质 , 13 (4) : 262–267

王德有 (Wang D Y) , 何萍 (He P) , 张克伟 (Zhang K W) . 2000. 河南省恐龙蛋化石研究 . 河南地质 , 18 (1) : 15–31

王德有 (Wang D Y) , 冯进城 (Feng J C) , 朱世刚 (Zhu S G) , 吴梅 (Wu M) , 符光宏 (Fu G H) , 何萍 (He P) , 乔国超 (Qiao G C) , 庞丰久 (Pang F J) , 李国旺 (Li G W) , 李保贤 (Li B X) , 李甲坤 (Li J K) , 王保湘 (Wang B X) , 张国建 (Zhang G J) , 秦正 (Qin Z) , 郭桂玲 (Guo G L) . 2008. 中国河南恐龙蛋和恐龙化石 . 北京 : 地质出版社 . 1–320

王强 (Wang Q) , 昝淑芹 (Zan S Q) , 金利勇 (Jin L Y) , 陈军 (Chen J) . 2006. 吉林省公主岭早白垩世泉头组网形蛋 (Dictyoolithus) 一新种 . 吉林大学学报 (地球科学版) , 36 (2) : 153–157

王强 (Wang Q) , 汪筱林 (Wang X L) , 赵资奎 (Zhao Z K) , 蒋严根 (Jiang Y G) . 2010a. 浙江天台盆地上白垩统赤城山组长形蛋科一新蛋属 . 古脊椎动物学报 , 48 (2) : 111–118

王强 (Wang Q) , 赵资奎 (Zhao Z K) , 汪筱林 (Wang X L) , 蒋严根 (Jiang Y G) , 张蜀康 (Zhang S K) . 2010b. 浙江天台晚白垩世巨型长形蛋科一新属及巨型长形蛋科的分类订正 . 古生物学报 , 49 (1) : 73–86

王强 (Wang Q) , 赵资奎 (Zhao Z K) , 汪筱林 (Wang X L) , 蒋严根 (Jiang Y G) . 2011. 浙江天台盆地晚白垩世恐龙蛋新类型 . 古脊椎动物学报 , 49 (4) : 446–449

王强 (Wang Q) , 汪筱林 (Wang X L) , 赵资奎 (Zhao Z K) , 蒋严根 (Jiang Y G) . 2012. 浙江天台盆地上白垩统恐龙蛋一新蛋科及其蛋壳形成机理 . 科学通报 , 57 (31) : 2899–2908

(2012. A new oofamily of dinosaur egg from the Upper Cretaceous of Tiantai Basin, Zhejiang Province, and its mechanism of eggshell formation. Chinese Science Bulletin, 57 (28-29) : 3740–3747)

王强 (Wang Q) , 赵资奎 (Zhao Z K) , 汪筱林 (Wang X L) , 张蜀康 (Zhang S K) , 蒋严根 (Jiang Y G) . 2013. 浙江天台盆地网形蛋类新类型及网形蛋类的分类订正 . 古脊椎动物学报 , 51 (1) : 43–54

徐星 (Xu X) , 赵喜进 (Zhao X J) , 吕君昌 (Lü J C) , 黄万波 (Huang W B) , 李占扬 (Li Z Y) , 董枝明 (Dong Z M) . 2000. 河南内乡桑坪组一新禽龙及其地层学意义 . 古脊椎动物学报 , 38 (3) : 176–191

薛祥煦 (Xue X X) , 张云翔 (Zhang Y X) , 毕延 (Bi Y) , 岳乐平 (Yue L P) , 陈丹玲 (Chen D L) . 1996. 秦岭东段山间盆地的发育及自然环境变迁 . 北京 : 地质出版社 . 1–181

杨钟健 (Young C C) . 1954. 山东莱阳蛋化石 . 古生物学报 , 2 (4) : 371–388

(1954. Fossil reptilian eggs from Laiyang, Shantung, China. Scientia Sinica, 3: 505–522)

杨钟健 (Young C C) . 1958. 山东莱阳恐龙化石 . 中国古生物志 , 新丙种第 16 号 . 北京 : 科学出版社 . 1–138

杨钟健 (Young C C) . 1965. 广东南雄、始兴、江西赣州的蛋化石 . 古脊椎动物学报 , 9 (2) : 141–159

余心起 (Yu X Q) . 1998. 皖南恐龙类化石特征及其意义 . 中国区域地质 , 17 (3) : 278–287

俞云文 (Yu Y W) , 陈景 (Chen J) , 金幸生 (Jin X S) , 颜铁增 (Yan T Z) , 彭振宇 (Peng Z Y) . 2003. 浙江永康发现 Faveoloolithidae 恐龙蛋化石 . 地质通报 , 22 (3) : 218–219

曾德敏 (Zeng D M) , 张金鉴 (Zhang J J) . 1979. 湖南洞庭盆地西部的恐龙蛋化石 . 古脊椎动物学报 , 17 (2) : 131–136

张蜀康 (Zhang S K) . 2010. 中国白垩纪蜂窝蛋化石的分类订正 . 古脊椎动物学报 , 48 (3) : 203–219

张蜀康 (Zhang S K) , 王强 (Wang Q) . 2010. 记新疆吐鲁番盆地椭圆形蛋类一新种 . 古脊椎动物学报 , 48 (1) : 71–75

张玉光 (Zhang Y G) , 李奎 (Li K) . 1998. 中国恐龙蛋化石及其生态地层浅析 . 岩相古地理 , 18 (2) : 32–38

张玉萍 (Zhang Y P) , 童永生 (Tong Y S) . 1963. 广东南雄盆地红层的划分 . 古脊椎动物学报 , 7 (3) : 249–260

赵宏 (Zhao H) , 赵资奎 (Zhao Z K) . 1998. 河南淅川盆地的恐龙蛋 . 古脊椎动物学报 , 36 (4) : 282–296

赵宏 (Zhao H) , 赵资奎 (Zhao Z K) . 1999. 辽宁黑山恐龙蛋——长形蛋类新分子的发现及其意义 . 古脊椎动物学报 , 37 (4) : 278–284

赵资奎 (Zhao Z K) . 1975. 广东南雄恐龙蛋化石的显微结构 (一) ——兼论恐龙蛋化石的分类问题 . 古脊椎动物学报 , 13 (2) : 105–117

赵资奎 (Zhao Z K) . 1979a. 我国恐龙蛋化石研究的进展 . 见 : 中国科学院古脊椎动物与古人类研究所、南京地质古生物研究所编 . 华南中、新生代红层——广东南雄 "华南白垩纪—早第三纪红层现场会议" 论文选集 . 北京 : 科学出版社 . 330–340

赵资奎 (Zhao Z K) . 1979b. 河南内乡新的恐龙蛋类型和恐龙脚印化石的发现及其意义 . 古脊椎动物学报 , 17 (4) : 304–309

赵资奎 (Zhao Z K) , 丁尚仁 (Ding S R) . 1976. 宁夏阿拉善左旗恐龙蛋化石的发现及其意义 . 古脊椎动物学报 , 14 (1) : 42–44

赵资奎 (Zhao Z K) , 黄祝坚 (Huang Z J) . 1986. 扬子鳄蛋壳的超微结构 . 两栖爬行动物学报 , 5 (2) : 129–133

赵资奎 (Zhao Z K) , 蒋元凯 (Jiang Y K) . 1974. 山东莱阳恐龙蛋化石的显微结构研究 . 中国科学 (A 辑) , 4 (1) : 63–77

(1974. Microscopic studies on the dinosaurian egg-shells from Laiyang, Shantung Province. Scientia Sinica, 17 (1) : 73–83)

赵资奎 (Zhao Z K) , 黎作骢 (Li Z C) . 1988. 湖北安陆新的恐龙蛋类型的发现及其意义 . 古脊椎动物学报 , 26 (2) : 107–115

赵资奎 (Zhao Z K) , 李荣 (Li R) . 1993. 内蒙古巴音满都呼晚白垩世棱齿龙蛋化石的发现 . 古脊椎动物学报 , 31 (2) : 77–84

赵资奎 (Zhao Z K) , 袁全 (Yuan Q) , 王将克 (Wang J K) , 钟月明 (Zhong Y M) . 1981. 中国猿人化石产地鸵鸟蛋壳化石的显微结构和氨基酸组成 . 古脊椎动物学报 , 19 (4) : 327–336

赵资奎 (Zhao Z K) , 叶捷 (Ye J) , 李华梅 (Li H M) , 赵振华 (Zhao Z H) , 严正 (Yan Z) . 1991. 广东省南雄盆地白垩系 - 第三系交界恐龙绝灭问题 . 古脊椎动物学报 , 29 (1) : 1–20

赵资奎 (Zhao Z K) , 毛雪瑛 (Mao X Y) , 柴之芳 (Chai Z F) , 杨高创 (Yang G C) , 张福成 (Zhang F C) , 严正 (Yan Z) . 2009. 广东省南雄盆地白垩纪 - 古近纪 (K/T) 过渡时期地球化学环境变化和恐龙灭绝 : 恐龙蛋化石提供的证据 . 科学通报 , 54 (2) : 201–209

(2009. Geochemical environmental changes and dinosaur extinction during the Cretaceous-Paleogene (K/T) transition in the Nanxiong Basin, South China: evidence from dinosaur eggshells. Chinese Science Bulletin, 54 (5) : 806–815)

郑家坚 (Zheng J J) , 汤英俊 (Tang Y J) , 邱占祥 (Qiu Z X) , 叶祥奎 (Ye X K) . 1973. 广东南雄晚白垩纪—早第三纪地层剖面的观察 . 古脊椎动物学报 , 11 (1) : 18–28

周明镇 (Chow M C) . 1954. 山东莱阳化石蛋壳的微细构造 . 古生物学报 , 2 (4) : 389–394

(1954. Additional notes on the microstructure of the supposed dinosaurian egg shells from Laiyang, Shantung. Scientia Sinica, 3: 523–526)

周世全 (Zhou S Q) , 冯祖杰 (Feng Z J) . 2002. 河南恐龙蛋化石层位及其上、下界限问题 . 资源调查与环境 , 23 (1) : 68–76

周世全 (Zhou S Q) , 韩世敬 (Han S J) . 1993. 河南省恐龙蛋化石的初步研究 . 河南地质 , 11 (1) : 44–51

周世全 (Zhou S Q) , 韩世敬 (Han S J) , 张永才 (Zhang Y C) . 1983. 河南西峡盆地晚白垩世地层 . 地层学杂志 , 7 (1) : 64–70

周世全 (Zhou S Q) , 李占杨 (Li Z Y) , 冯祖杰 (Feng Z J) , 王德有 (Wang D Y) . 1999. 河南西峡盆地恐龙蛋化石及埋藏特

征. 现代地质, 13 (3) : 298–300

周世全 (Zhou S Q), 冯祖杰 (Feng Z J), 惠友先 (Hui Y X). 2001a. 河南西峡恐龙蛋化石的研究. 江西地质, 15 (2) : 96–101

周世全 (Zhou S Q), 冯祖杰 (Feng Z J), 张国建 (Zhang G J). 2001b. 河南恐龙蛋化石组合类型及其地层时代意义. 现代地质, 15 (4) : 362–369

周修高 (Zhou X G), 任有福 (Ren Y F), 徐世球 (Xu S Q), 关康年 (Guan K N). 1998. 湖北郧县青龙山一带晚白垩世恐龙蛋化石. 湖北地矿, 12 (3) : 1–8

邹松林 (Zou S L), 王强 (Wang Q), 汪筱林 (Wang X L). 2013. 江西萍乡地区晚白垩世副蜂窝蛋类一新蛋种. 古脊椎动物学报, 51 (2) : 102–106

Amo O, Canudo J I, Cuenca-Bescos G. 1999. First record of elongatoolithid eggshells from the Lower Barremian (Lower Cretaceous) of Europe (Cuesta Corrales 2, Galve Basin, Spain). In: Bravo A M, Reyes T eds. First International Symposium on Dinosaur Eggs and Babies. Catalonia, Spain: Isona i Conca Della. 7–14

Andrews R C. 1932. The new conquest of Central Asia: a narrative of the explorations of the Central Asiatic Expeditions in Mongolia and China, 1921–1930, New York: AMNH. 1–678

Barta D E, Brundridge K M, Croghan J A, Jackson F D, Varricchio D J, Jin X S, Poust A W. 2013. Eggs and clutches of the Spheroolithidae from the Cretaceous Tiantai basin, Zhejiang Province, China. Historical Biology, DOI:10. 1080/08912963. 2013. 792811

Bonaparte J F, Vince M. 1979. El hallazgo del primer nido de dinosaurios Triasicos (Saurischia Prosauropoda), Triasicos superior de Patagonia, Argentina. Ameghniaana, 16: 173–182

Borad R G. 1982. Properties of avian eggshells and their adaptive value. Biological Reviews, 57: 1–28

Bray E S, Lucas S G. 1997. Theropod dinosaur eggshell from the Upper Jurassic of New Mexico. New Mexico Museum of Natural History and Science Bulletin, 11: 41–43

Brown B, Schlaikjer E M. 1940. The structure and relationships of *Protoceratops*. Annals of the New York Academy of Sciences, 40 (3) : 133–266

Buckman J. 1859. On some fossil reptilian eggs from the Great Oolite of Chirencester. Quarterly Journal of the Geological Society, London, 16: 107–110

Buffetaut E, Le Loeuff J. 1994. The discovery of dinosaur eggshells in nineteenth-century France. In: Carpenter K, Hirsch K F, Horner J R eds. Dinosaur Eggs and Babies. Cambridge: Cambridge University Press. 31–34

Calvo J O, Engelland S, Heredia S E, Salgado L. 1997. First record of dinosaur eggshells (?Sauropoda–Megaloolithidae) from Neuquén, Patagonia, Argentina. Gaia, 14: 23–32

Carpenter K. 1999. Eggs, Nests, and Baby Dinosaurs: a Look at Dinosaur Reproduction. Bloomington: Indiana University Press. 1–336

Carpenter K, Alf K. 1994. Global distribution of dinosaur eggs, nests, and babies. In: Carpenter K, Hirsch K F, Horner J R eds. Dinosaur Eggs and Babies. Cambridge: Cambridge University Press. 15–30

Carpenter K, Hirsch K F, Horner J R. 1994. Summary and prospectus. In: Carpenter K, Hirsch K F, Horner J R eds. Dinosaur Eggs and Babies. Cambridge: Cambridge University Press. 366–370

Chassagne-Manoukian M, Haddoumi H, Cappetta H, Charrière A, Feist M, Tabuce R, Vianey-Liaud M. 2013. Dating the 'red beds' of the Eastern Moroccan High Plateaus: evidence from late Late Cretaceous charophytes and dinosaur eggshells, Geobios, 46: 371–379

Cheng Y N, Ji Q, Wu X C, Shan H Y. 2008. Oviraptorosaurian eggs (Dinosauria) with embryonic skeletons discovered for the first time in China. Acta Geologica Sinica, 82 (6) : 1089–1094

Chow M C. 1951. Notes on the Late Cretaceous dinosaurian remains and the fossil eggs from Laiyang, Shantung. Bulletin of the Geological Society of China, 31 (1–4) : 89–96

Creger C R, Phillips H, Scott J T. 1976. Formation of eggshell. Poultry Science, 55: 1717–1723

Currie P J. 1996. The great dinosaur egg hunt. National Geographic, 189 (5) : 96–111

Dughi R, Sirugue F. 1958. Observations sur les oeufs de dinosaures du Bassin d'Aix-en-Provence: les oeufs a coquilles bistratifiées. Comptesrendus des seances de l'Académie des Sciences, 246: 2271–2274

Dughi R, Sirugue F. 1976. L'extinction des dinosaures a la lumiére des gisements d'oeufs du Crétacé terminal du sud de la France, principalement dans le Bassin d'Aix-en-Provence. Paleobiologie Continental, Montpellier, 7: 1–39

Erben H K. 1970. Ultrastrukturen und Mineralisation rezenter und fossiler Eischalen bei Vogeln und Reptilien. Biomineralisation Forschsber, 1: 1–65

Erben H K. 1972. Ultrastrukturen und Dicke der Wand pathologischer Eischalen. Abhandlunven Mathenatisch-Naturwissenschaftliche Klasse, Akademie der Wissenschaften und der Literatur, Mainz, 6: 191–216

Erben H K, Newesely H. 1972. Kristalline Bausteine und Mineralbestand von kalkigen Eischalen. Biomineralisation Forschsber, 6: 32–48

Erben H K, Hoefs J, Wedepohl K H. 1979. Paleobiological and isotopic studies of eggshells from a declining dinosaur species. Paleobiology, 5: 380–414

Fernández M S. 2013. Análisis de cáscaras de huevos de dinosaurios de la Formación Allen, Cretácico Superior de Río Negro (Campaniano-Maastrichtiano) : utilidades de los macrocaracteres de interés parataxonómico. Ameghiniana, 50 (1) :79–97

Fujii S. 1974. Further morphological studies on the formation and structure of hen's eggshell by scanning electron microscopy. Journal of the Faculty of Fisheries and Animal Husbandry (Hiroshima University) , 13: 29–56

Grellet-Tinner G, Fiorelli L E. 2010. A new Argentinean nesting site showing neosauropod dinosaur reproduction in a Cretaceous hydrothermal environment. Nature Communications, 1: 32, doi: 10.1038/ncomms 1031

Grellet-Tinner G, Makovicky P. 2006. A possible egg of the dromaeosaur *Deinonychus antirrhopus*: phylogenetic and biological implications. Canadian of Earth Sciences, 43 (6) : 705–719

Grellet-Tinner G, Chiappe L, Norell M, Bottjer D. 2006. Dinosaur eggs and nesting behaviors: a paleobiological investigation. Palaeogeography, Palaeoclimatology, Palaeoecology, 232 (2–4) : 294–321

Grellet-Tinner G, Fiorelli L E, Salvador R B. 2012. Water vapor conductance of the Lower Cretaceous dinosaurian eggs from Sanagasta, La Rioja, Argentina: paleobiological and paleoecological implications for South American faleoloolithid and megaloolithid eggs. Palaios, 27: 35–47

Grine F E, Kitching J W. 1987. Scanning electron microscopy of early dinosaur egg shell structure: a comparison with other rigid sauropsid eggs. Scanning Microscopy, 1: 615–630

Hirsch K F. 1994a. Upper Jurassic eggshells from western interior of North America. In: Carpenter K, Hirsch K F, Horner J R eds. Dinosaur Eggs and Babies. Cambridge: Cambridge University Press. 137–150

Hirsch K F. 1994b. The fossil record of vertebrate egg. In: Donovan S K ed. The Palaeobiology of Trace Fossils. Londond: John Wiley and Sons. 269–294

Hirsch K F. 2001. Pathological amniote eggshell-fossil and modern. In: Tanke D H, Carpenter K eds. Mesozoic Vertebrate Life. Indiana University Press. 378–392

Hirsch K F, Packard M J. 1987. Review of fossil eggs and their shell structure. Scanning Microscopy, 1 (1) : 383–400

Hirsch K F, Quinn B. 1990. Eggs and eggshell fragments from the Upper Cretaceous Two Medicine Formation of Montana. Journal of Vertebrate Paleontology, 10 (4) : 491–511

Horner J R. 1987. Ecological and behavioral implications derived from a dinosaur nesting site. In: Czerkas S J, Olsen E C eds. Dinosaurs Past and Present. Seattle: Washington University Press. 2: 51–63

Horner J R, Makela R. 1979. Nest of juveniles provides evidence of family structure among dinosaurs. Nature, 282: 296–298

Horner J R, Weishampel D B. 1988. A comparative embryological study of two ornithischian dinosaur. Nature, 332: 256–257

Horner J R, Weishampel D B. 1996. A comparative embryological study of two ornithischian dinosaurs: correction. Nature, 383: 103

Hou L H, Li P P, Ksepka D T, Gao K Q, Norell M A. 2010. Implications of flexible-shelled eggs in a Cretaceous choristoderan reptile. Proceedings of the Royal Society, Biological Sciences, 277: 1235–1239

Huh M, Zelenitsky D K. 2002. Rich dinosaur nesting site from the Cretaceous of Bosung County, Chullanam-Do Province, South Korea. Journal of Vertebrate Paleontology, 22 (3) : 716–718

Jensen J A. 1970. Fossil eggs in the Lower Cretaceous of Utah. Brigham Young University Geology Studies, 17: 51–65

Ji Q, Ji S A, Cheng Y N, You H L, Lü J C, Liu Y Q, Yuan C X. 2004. Pterosaur egg with a leathery shell. Nature, 432: 572

Jin X S, Azuma Y, Jackson F D, Varricchio D J. 2007. Giant dinosaur eggs from the Tiantai basin, Zhejiang Province, China. Canadian Journal of Earth Sciences, 44: 81–88

Jin X S, Jackson F D, Varricchio D J, Azuma Y, He T. 2010. The first *Dictyoolithus* egg clutches from the Lishui Basin, Zhejiang Province, China. Journal of Vertebrate Paleontology, 30 (1) : 188–195

Khosla A, Sahni A. 1995. Parataxonomic classification of Late Cretaceous dinosaur eggshells from India. Journal of the Palaeontological Society of India, 40: 87–102

Kim S, Huh M, Moon K H, Jang S J. 2011. Excavation and preparation of a theropod nest from Aphae-do in Jeollanam-do province, South Korea. Journal of the Geological Sodiety of Korea, 47 (2) : 205–211 (in Korean)

Kitching J W. 1979. Preliminary report on a clutch of six dinosaurian eggs from the Upper Triassic Elliot Formation, Northern Orange Free State. Palaeontographica Africana, 22: 41–45

Kohring R. 1989. Fossile Eierschalen aus dem Garumnium (maastrichtium) von Bastus (Provinz Lleida, NE. Spanien) . Berliner Geowiss Abhandlungen, Reihe A 106: 267–275

Krampitz G. 1982. Structure of the organic matrix in mollusk shells and avian eggshells. In: Nancollas G H ed. Biological Mineralization and Demineralization. Berlin, Heidelberg, New York: Springer-Verlag. 219–232

Krampitz G, Witt W. 1979. Biochemical aspects of biomineralization. Topics in Current Chemistry, 78: 59–144

Kurzanov S M, Mikhailov K E. 1989. Dinosaur eggshells from the Lower Cretaceous of Mongolia. In: Gillette D D, Lockley M G eds. Dinosaur Tracks and Traces. Cambridge: Cambridge University Press. 109–113

Lapparent A F, Zbyszewski G. 1957. Les Dinosauriens du Portugal. Mémoires du Service géologique de Portugal, 2: 1–63

Lü J C, Azuma Y, Huang D, Noda Y, Qiu L C. 2006. New troodontid dinosaur egg from the Heyuan Basin of Guangdong Province, Southern China. In: Lü J C, Kobayashi Y, Huang D, Lee Y N eds. Papers from the 2005 Heyuan International Dinosaur Symposium. Beijing: Geological Publishing House. 11–18

Mateus I H, Mateus H, Antunes M, Mateus O, Taquer P, Ribeiro V, Manuppella G. 1998. Upper Jurassic theropod dinosaur embryos from Lourinhã (Portugal) . Memórias da Acaddemia das Ciênas de Lisboa, 37: 101–109

Mikhailov K E. 1987a. Some aspects of the structure of the shell of the egg. Paleontological Journal, 21: 54–61

Mikhailov K E. 1987b. The principal structure of the avian egg-shell: data of SEM-studies. Acta Zoologica Cracoviensis, 36: 193–328

Mikhailov K E. 1991. Classification of fossil eggshells of amniotic vertebrates. Acta Palaeontologica Polonica, 36 (2) : 193–238

Mikhailov K E. 1994a. Theropod and protoceratopsian dinosaur eggs from the Cretaceous of Mongolia and Kazakhstan. Paleontological Journal, 28 (2) : 101–120

Mikhailov K E. 1994b. Eggs of sauropod and ornithopod dinosaurs from the Cretaceous of Mongolia. Paleontological Journal, 28: 141–159

Mikhailov K E. 1997. Fossil and recent eggshell in amniotic vertebrates: fine structure, comparative morphology and classification. Special Papers in Palaeontology, 56: 1–80

Mikhailov K E, Sabath K, Kurzanov S. 1994. Eggs and nests from Cretecous of Mongolia. In: Carpenter K, Hirsch K F, Horner J R eds. Dinosaur Eggs and Babies. Cambridge: Cambridge University Press. 88–115

Mikhailov K E, Bray E S, Hirsch K F. 1996. Parataxonomy of fossil egg remains (Veterovata) : principles and applications. Journal of Vertebrate Paleontology, 16 (4) : 763–769

Mohabey D M. 1998. Systematics of Indian Upper Cretaceous dinosaur and chelonian eggshells. Journal of Vertebrate Paleontology, 18: 348–362

Nessov L A, Kaznyshkin M N. 1986. Discovery of a site in the USSR with remains of eggs of Early and Late Cretaceous dinosaurs. Biological Sciences, Zoology, 9: 35–49

Norell M A, Clark J M, Demberelyin D, Rhinchen B, Chiappe L M, Davidson A R, McKenna M C, Altangerel P, Novacek M J. 1994. A theropod dinosaur embryo and the affinities of the Flaming Cliffs dinosaur eggs. Science, 266: 779–782

Norell M A, Clark J M, Chiappe L M. 2001. An embryonic oviraptorid (Dinosauria: Theropoda) from the Upper Cretaceous of Mongolia. American Museum Novitates, 3315: 1–17

Olsen P E, Shubin N H, Anders M H. 1987. New Early Jurassic tetrapod assemblages constrain Triassic-Jurassic tetrapod extinction event. Science, 237: 1025–1029

Packard M J, DeMarco V G. 1991. Eggshell structure and formation in egg of oviparous reptiles. In: Deemming D C, Ferguson M W J eds. Egg Incubation: Its Effects on Embryonic Development in Birds and Reptiles. Cambridge: Cambridge University Press. 53–69

Packard M J, Hirsch K F. 1989. Structure of shells from eggs of the geckos *Gekko gecko* and *Phelsuma madascariensis*. Canadian Journal of Zoology, 67: 746–758

Penner M M. 1985. The problem of dinosaur extinction: contribution of the study of terminal Cretaceous eggshells from southeast France. Geobios, 18: 665–669

Reisz R R, Evans D C, Sues H D, Scott D. 2010. Embryonic skeletal anatomy of the sauropodomorph dinosaur *Massospondylus* from the Lower Jurassic of South Africa. Journal of Vertebrate Paleontology, 30: 1653–1665

Reisz R R, Huang T D, Roberts E M, Peng S R, Sullivan C, Stein K, LeBlanc A R H, Shieh D B, Chang R S, Chiang C C, Yang C W, Zhong S M. 2013. Embryology of Early Jurassic dinosaur from China with evidence of preserved organic remains. Nature, 496: 210–214

Ride W D L, Cogger H G, Dupuis C, Kraus O, Minelli A, Thompson F C, Tubbs P K. 2007. 国际动物命名法规 (第四版) . 卜文俊 (Bu W J) , 郑乐怡 (Zheng L Y) 译 , 宋大祥 (Song D X) 校 . 北京 : 科学出版社 . 1–135

Romanoff A L, Romanoff A J. 1949. The Avian Egg. New York: John Wiley et Sons, Inc. 1–918

Roule L. 1885. Recherches sur le terrain fluvio-lacustre inférieur de Provence. Annales des Sciences Géologiques, 18: 1–138

Sabath K. 1991. Upper Cretaceous amniotic eggs from the Gobi Desert. Acta Palaeontologica Polonica, 36 (2) : 151–192

Schleich H H, Kastle W. 1988. Reptile Egg-shells SEM Atlas. Stuggart; New York: Gustav-Fischer Verlag. 1–123

Schmidt W J. 1962. Leigh der Eishalenkalk der Vogel als submikroskopische Kristallite vor. Zeitschrift für Zellforschung, 57: 848–880

Schmidt W J. 1965. Die Eisosphäriten (Basalkalotten) der Schwanen-Eischale. Zeitschrift für Zellforschung, 67: 151–164

Schwarz L, Fehse F, Müeller G, Andersson F, Sieck F. 1961. Untersuchungen an Dinosaurier-Eischalen von Aix en Provence und der Mongolei (Sabarakh Usu) . Zeitschrift für wissenschaftliche Zoologie, 165 (3-4) : 344–379

Silyn-Roberts H, Sharp R M. 1986. Crystal growth and the role of the organic network in eggshell biomineralization. Proceedings of the Royal Society, Biological Sciences, 227: 303–324

Simkiss K. 1968. The structure and formation of the shell and shell membranes. In: Carter T C ed. Egg Quality: a Study of the Hen's Egg. British Egg Marketing Board Symposium, Edinburgh: Oliver and Boyd. 4: 3–25

Simkiss K, Taylor T G. 1971. Shell formation. In: Bell D J, Freeman B M eds. Physiology and Biochemistry of the Domestic Fowl. London: Academic Press. 1331–1343

Simón M E. 2006. Cáscaras de huevos de dinosaurios de la Formación Allen (Campaniano-Maastrichtiano) , en Salitral Moreno, provincial de Río Negro, Argentina. Ameghiniana, 43 (3) : 513–518

Sochava A V. 1969. Dinosaur eggs from the Upper Cretaceous of the Gobi desert. Paleontological Journal, 4: 517–527

Sochava A V. 1971. Two types of eggs shells in Cenomanian dinosaurs. Paleontological Journal, 3: 353–361

Sochava A V. 1972. The skeleton of an embryo in dinosaur egg. Paleontological Journal, 6: 527–533

Taylor T G. 1974. How an eggshell is made? In: Wessells N K ed. Vertebrate Structures and Functions. San Fracisco: Ferrman. 371–377

Tyler C. 1965. A study of egg shells of the Sphenisciformes. Journal of Zoology, 147: 1–9

Unwin D M, Deeming D C. 2008. Pterosaur eggshell structure and its implications for pterosaur reproductive biology. Zitteliana, 28: 199–207

Van Straelen V. 1925. The microstructure of the dinosaurian egg-shells from the Cretaceous beds of Mongolia. American Museum Novitates, 173: 1–4

Van Straelen V. 1928. Les oeufs de reptiles fossils. Palaeobiologica, 1: 295–312

Vianey-Liaud M, Crochet J Y. 1993. Dinosaur eggshells from the Late Cretaceous of Languedoc (southern France) . Revue de paleobiologie, 7: 237–249

Vianey-Liaud M, García G. 2003. Diversity among North African dinosaur eggshells. Palaeovertebrata, 32: 171–188

Vianey-Liaud M, Mallan P, Buscail O, Montgelard C. 1994. Review of French dinosaur eggshells: morphology, structure, mineral, and organic composition. In: Carpenter K, Hirsch K F, Horner J R eds. Dinosaur Eggs and Babies. Cambridge: Cambridge University Press. 151–183

Voss-Foucart M F. 1968. Paleoproteines des coquilles fossiles d'oeufs de dinosauriens du Crétacé supérieur de Provence. Comparative Biochemistry and Physiology, 24: 31–36

Wan X Q, Zhao J, Scott R W, Wang P J, Feng Z H, Huang Q H, Xi D P. 2012. Late Cretaceous stratigraphy, Songliao Basin, NE China: SK1 cores. Palaeogeography, Palaeoclimatology, Palaeoecology, http://dx. doi. org/10. 1016/j. palaeo. 2012. 10. 024

Wang Q, Zhao Z K, Wang X L, Li N, Zou S L. 2013. A new form of Elongatoolithidae, *Undulatoolithus pengi* oogen. et oosp. nov. from Pingxiang, Jiangxi, China. Zootaxa, 3746 (1) : 194–200

Wang X L, Zhou Z H. 2004. Pterosaur embryo from the Early Cretaceous. Nature, 429: 621

Wang X L, Wang Q, Jiang S X, Cheng X, Zhang J L, Zhao Z K, Jiang Y G. 2012. Dinosaur egg faunas of the Upper Cretaceous terrestrial red beds of China and their stratigraphical significance. Journal of Stratigraphy, 36 (2) : 400–416

Williams D L G, Seymour R S, Kerourio P. 1984. Structure of fossil dinosaur eggshell from the Aix Basin, France. Palaeogeography, Palaeoclimatology, Palaeoecology, 45: 23–37

Yabe H, Ozaki K. 1929. Fossil Chelonian (?) eggs from South Manchuria. Proceedings of the Imperial Academy, 5: 42–45

Young C C. 1959. On a new fossil egg from Laiyang, Shantung, China. Vertebrata PalAsiatica, 3: 34–35

Zelenitsky D K, Hills L V. 1996. An egg clutch of *Prismatoolithus levis* oosp. nov. from the Oldman Formation (Upper Cretaceous) , Devil's Coulee, southern Alberta. Canadian Journal of Earth Sciences, 33 (8) : 1127–1131

Zelenitsky D K, Hills L V. 1997. Normal and pathological eggshells of *Spheroolithus albertensis*, oosp. nov., from the Oldman Formation (Judith River Group, Late Campanian) , Southern Alberta. Journal of Vertebrate Paleontology, 17 (1) : 167–171

Zelenitsky D K, Modesto S P. 2002. Re-evaluation of the eggshell structure of eggs containing dinosaur embryos from the Lower Jurassic of South Africa. South African Journal of Science, 98: 407–408

Zelenitsky D K, Hills L V, Currie P J. 1996. Parataxonomic classification of ornithoid eggshell fragments from the Oldman Formation (Judith River Group; Upper Cretaceous) , southern Alberta. Canadian Journal of Earth Sciences, 33: 1655–1667

Zelenitsky D K, Carpenter K, Currie P. 2000. First record of elongatoolithid theropod eggshell from North America: the Asian oogenus *Macroelongatoolithus* from the Lower Cretaceous of Utah. Journal of Vertebrate Paleontology, 20 (1) : 130–138

Zelenitsky D K, Modesto S P, Currie P J. 2002. Bird-like characteristics of troodontid theropod eggshell. Cretaceous Research, 23 (3) : 297–305

Zhao Z K. 1993. Structure formation and evolutionary trends of dinosaur eggshells. In: Kobayashi I, Mutvei H, Sahni A eds. Structure, Formation and Evolution of Fossil Hard Tissues. Tokyo: Tokai University Press. 195–212

Zhao Z K. 1994. The dinosaur eggs in China: on the structure and evolution of eggshells. In: Carpenter K, Hirsch K F, Horner J R eds. Dinosaur Eggs and Babies. Cambridge: Cambridge University Press. 184–203

Zhao Z K. 2000. Nesting behavior of dinosaurs as interpreted from the Chinese Cretaceous dinosaur eggs. Paleontological Society of Korea, Special Publication 4: 115–126

Zhao Z K, Mao X Y, Chai Z F. 1999a. Dinosaurs survived the K/T event as evidenced by iridium anomalies in the Nanxiong Basin, South China: evidence from dinosaur eggshells. First International Symposium on Dinosaur Eggs and Babies. Catalonia, Spain: Isona i Conca Della. 65–67 (abstracts)

Zhao Z K, Qiu L C, Zhang X. 1999b. Fossilized yolk preserved in a dinosaur egg. Journal of Fossil Research, 32: 1–4

Zhao Z K, Mao X Y, Chai Z F, Yang G C, Kong P, Ebihara M, Zhao Z H. 2002. A possible causal relationship between extinction of dinosaur and K/T iridium enrichment in the Nanxiong Basin, South China: evidence from dinosaur eggshells. Palaeogeography, Palaeoclimatology, Palaeoecology, 178: 1–17

汉-拉学名索引

拉-汉学名索引

附件

《中国古脊椎动物志》总目录
（共三卷二十三册，计划 2015 － 2020 年出版）

第一卷　鱼类　主编：张弥曼，副主编：朱敏

第二卷　两栖类 爬行类 鸟类　主编：李锦玲，副主编：周忠和

第三卷　基干下孔类 哺乳类　主编：邱占祥，副主编：李传夔

第一册（总第十四册）　**基干下孔类**　李锦玲、刘俊 编著　（2015 年出版）

第二册（总第十五册）　**原始哺乳类**　孟津、王元青、李传夔 编著

第三册（总第十六册）　**劳亚食虫类 原真兽类 翼手类 真魁兽类 狌兽类**

　　　　李传夔、邱铸鼎等 编著　（2015 年出版）

第四册（总第十七册）　**啮型类Ⅰ**　李传夔、邱铸鼎等 编著

第五册（总第十八册）　**啮型类Ⅱ**　邱铸鼎、李传夔等 编著

第六册（总第十九册）　**古老有蹄类**　王元青等 编著

第七册（总第二十册）　**肉齿类 食肉类**　邱占祥、王晓鸣等 编著

第八册（总第二十一册）　**奇蹄类**　邓涛、邱占祥等 编著

第九册（总第二十二册）　**偶蹄类 鲸类**　张兆群等 编著

第十册（总第二十三册）　**蹄兔类 长鼻类等**　陈冠芳 编著

PALAEOVERTEBRATA SINICA

(3 volumes 23 fascicles, planned to be published in 2015−2020)

Volume I Fishes

Editor-in-Chief: **Zhang Miman**, Associate Editor-in-Chief: **Zhu Min**

Volume II Amphibians, Reptilians, and Avians

Editor-in-Chief: **Li Jinling**, Associate Editor-in-Chief: **Zhou Zhonghe**

Volume III Basal Synapsids and Mammals

Editor-in-Chief: **Qiu Zhanxiang**, Associate Editor-in-Chief: **Li Chuankui**

(Q—3426.01)

www.sciencep.com

ISBN 978-7-03-042610-9

定　价：128.00元